C#プログラマーのための
基礎からわかる LINQマジック！

今後避けては通れない
革新的なプログラミング手法の全貌

山本康彦【著】

技術評論社

本書に掲載されたプログラムの使用によって生じたいかなる損害についても，技術評論社および著者は一切の責任を負いませんので，あらかじめご了承ください．

- Microsoft，.NET，Visual C#，Visual Studio，Windows は，米国 Microsoft Corporation の米国およびその他の国における登録商標または商標です．
- Java および JavaScript は，Oracle Corporation およびその子会社，関連会社の米国およびその他の国における登録商標です．
- 本書に登場する製品名などは，一般に，各社の登録商標，または商標です．なお，本文中に ™，® マークなどは特に明記しておりません．

はじめに

　この本は,「LINQについて根本から知りたい」,「LINQがどうしてもしっくりこない」という人のための本です．Windows XPやWindows Server 2003（.NET Framework 1.x / 2.0）でバリバリとプログラミングしてきた開発者の方にはとても役立つものと思っています．もちろん，.NET Frameworkでのプログラミングを始めたばかりの人にも納得していただけるように工夫してあります．

　.NET Frameworkが世に出て十数年，毎年のように機能向上が図られてきましたが，大きなジャンプの1つがバージョン3.5でした．そのときに，GUIプログラミングの新しいモデル（= XAMLを使うWPF）と，**データ処理プログラミングの新しいモデル，LINQ**（リンク）が導入されました（ちなみに，もう1つの大きなジャンプが4.0で導入されたTask Parallel Libraryによる非同期プログラミングの日常化だと，筆者は考えています[*]）．本書では，そのうちのLINQを扱います．

　LINQとは何でしょうか？　LINQとは**コレクションを操作するコードを簡潔に記述でき，効率良く実行できる仕組み**だといえます．実は，「LINQ」という言葉の定義はマイクロソフトの文書でも曖昧なのですが，本書では「`System.Linq`名前空間で提供されている機能とその応用」という意味で用いています．

　LINQが登場してからしばらくたってはいますが，従来からの開発者にとってなじみのない書き方をするLINQは，従来の書き方でも困らないこともあって，敬遠する人が多いようです．

　「LINQはSQL Serverにクエリを投げるためのもの」という「誤解」まで広まっているように思います．これはけして間違いではありませんが，しかしLINQのごく一部の機能しか説明していません．SQL Serverにクエリを投げるための「LINQ to SQL」は，実は，LINQの機能のわずかな部分なのです．

　本書は，その誤解を解き，**LINQとはプログラミングの方法を変えてしまう一大変革なんだ**と納得してもらうための本です．

　配列やリストといったコレクションに格納されているデータを処理するのに，いちいちループを書くのは面倒だと思ったことはないでしょうか？　ある

---

[*] 非同期プログラミングについては拙著『C#によるマルチコアのための非同期/並列処理プログラミング』（技術評論社刊 ISBN 978-4-7741-5828-0）をご覧いただけると幸いです．

はじめに

いは，1つ目のループ処理で新しいオブジェクトのコレクションを生成し，次のループでまた……というようなループ処理の連続を，スマートに1つのループにまとめるにはどうしたら良いだろうと悩んだことはないでしょうか？ こういったときこそLINQの出番です．

あるいは，ループ処理で生成したコレクションを後で全部使うかどうかわからないのでもったいない（最初のほうの一部しか使わないかもしれない），必要になったときにループを1回ずつ回せないだろうか，と考えてみたことはないでしょうか？ そんな**マジックのようなこと**をLINQは可能にします．

しかし，そんな不思議なLINQを，APIのリファレンスだけを読んでいきなり使いこなすのは難しいことです．そこで本書では，LINQを使う具体的な例を挙げ，読者の皆さんには実際にコーディングしてもらうことで，LINQを体得できるようにしました．第1部では，LINQでこんな書き方ができるという簡単な例をいくつも示しています（実用的でない例も含みます）．そうしてLINQでできることを把握してもらったところで，LINQとは何かを解説することにしましょう．

第1部はサンプルコードをお見せすることに注力しているので，言語の新機能については簡単に済ませています．「この新機能について詳しく知りたい！」と思ったら，第2部をご覧ください．こちらでLINQを使いこなすための言語機能を詳しく解説しています．

そして第3部では，主なLINQライブラリの使い方を紹介します．これは面白そうだと思うライブラリを使って自分でプログラムを書いてみてください．よりいっそう，LINQへの理解が深まることでしょう．

なお，本書では標準のLINQ拡張メソッド（標準クエリ演算子）の仕様の詳細な解説はしていません．それには，マイクロソフトのMSDNドキュメントを参照するか，類書をご覧ください．川俣晶氏著『【省エネ対応】C#プログラムの効率的な書き方──LINQ to Objectsマニアックス』（技術評論社刊 ISBN 978-4-7741-4975-2）などはお薦めです．

2016年 梅見月

山本 康彦

Contents

はじめに …… 3

Part 1 LINQマジック …… 11

Chapter 1 "Hello, LINQ!" …… 12
- 1.1 Windows フォームにベジエ曲線を描く …… 12
- 1.2 LINQ は for ループを簡潔に書ける …… 14
- 1.3 「"Hello, LINQ!"」のコード …… 17

Chapter 2 数値の集計 …… 22
- 2.1 準備 …… 22
- 2.2 すべてを合計する …… 26
- 2.3 条件を満たす数値だけを取り出す …… 28
- 2.4 条件を満たす数値だけを合計する …… 31
- 2.5 メモリ消費を確かめる …… 32
- 2.6 null を含むデータを処理する …… 36
- 2.7 「数値の集計」のコード …… 39

Chapter 3 文字列の処理 …… 49
- 3.1 準備 …… 49
- 3.2 文字数をカウントする …… 51
- 3.3 CSV ファイルから必要なデータだけを取り出す …… 53
- 3.4 文字列コレクションを検索する …… 55
- 3.5 文字列を反転する …… 65
- 3.6 文字列コレクションで複雑な検索をする …… 67
- 3.7 「文字列の処理」のコード …… 73

Chapter 4 複数の UI コントロールの操作 …… 88
- 4.1 準備 …… 88
- 4.2 UI コントロールを操作する …… 90
- 4.3 「複数の UI コントロールの操作」のコード …… 91

Chapter 5 CSV ファイルの処理 …… 98
- 5.1 準備 …… 98
- 5.2 ファイルを 1 行ずつ読み込む …… 100

- 5.3 ファイルの1行からSampleオブジェクトを作る ……… 101
- 5.4 データの種類を判定する ……… 102
- 5.5 数値を合計する ……… 102
- 5.6 Mainメソッドにまとめる ……… 103
- 5.7 LINQマジックの「秘密」……… 105
- 5.8 残りの数値も合計する ……… 106
- 5.9 「CSVファイルの処理」のコード ……… 109

Chapter 6 LINQマジック——3つの「秘密」 113
- 6.1 LINQはループを分解/再構築する ……… 113
- 6.2 LINQはメモリを節約する ……… 116
- 6.3 LINQは必要に応じて（遅延）実行される ……… 118

Chapter 7 ToListメソッドの罠 121
- 7.1 ToListメソッドのデメリット ……… 122
- 7.2 ToListメソッドのメリット ……… 124
- 7.3 「ToListメソッドの罠」のコード ……… 128

Chapter 8 LINQの仕組み 132
- 8.1 IEnumerable<T>インターフェイス ……… 132
- 8.2 IQueryable<T>インターフェイス ……… 134

Chapter 9 別の書き方——クエリ式 138

Chapter 10 LINQ拡張メソッドの作り方 141
- 10.1 独自のLINQ拡張メソッドとは？ ……… 141
- 10.2 LINQを使うLINQ拡張メソッド ……… 142
- 10.3 foreachを使うLINQ拡張メソッド ……… 143
- 10.4 ラムダ式を受け取るLINQ拡張メソッド ……… 145
- 10.5 「LINQ拡張メソッドの作り方」のコード ……… 145

Chapter 11 LINQデータソースの作り方 150
- 11.1 遅延実行しないLINQデータソースの作り方 ……… 150
- 11.2 遅延実行するLINQデータソースの作り方 ……… 151
- 11.3 「LINQデータソースの作り方」のコード ……… 158

Chapter 12 LINQプロバイダーの作り方 164
- 12.1 LINQプロバイダーの構成 ……… 164
- 12.2 LINQプロバイダーの標準的な部分実装 ……… 167
- 12.3 LINQプロバイダーを実験的に実装してみる ……… 168
- 12.4 実験的に作ったLINQプロバイダーを試す ……… 173

- 12.5 LINQ プロバイダーのメリット …… 176
- 12.6 「LINQ プロバイダーの作り方」のコード …… 177
- Chapter 13 **LINQ マジックの正体──まとめ** 189

Part 2 LINQ を使いこなすための機能 193

- Chapter 1 **拡張メソッド** …… 194
- Chapter 2 **ラムダ式** …… 199
- Chapter 3 **Visual Studio .NET 2003 での新機能** …… 204
  - 3.1 foreach 構文 …… 204
  - 3.2 デリゲート …… 206
  - 3.3 IEnumerable インターフェイス …… 209
- Chapter 4 **Visual Studio 2005 での新機能** …… 210
  - 4.1 ジェネリック …… 210
  - 4.2 yield キーワード（反復子，イテレーター） …… 214
  - 4.3 匿名メソッド（匿名デリゲート） …… 217
  - 4.4 静的クラス …… 218
  - 4.5 パーシャル型 …… 220
  - 4.6 Nullable<T> 型（null 許容型） …… 221
- Chapter 5 **Visual Studio 2008 での新機能** …… 223
  - 5.1 var キーワード …… 223
  - 5.2 拡張メソッド …… 224
  - 5.3 匿名型 …… 224
  - 5.4 ラムダ式 …… 226
  - 5.5 オブジェクト初期化子 …… 226
  - 5.6 コレクション初期化子 …… 228
  - 5.7 配列宣言の型省略（暗黙的に型指定される配列） …… 229
  - 5.8 自動実装プロパティ …… 230
  - 5.9 パーシャルメソッド …… 231
  - 5.10 クエリ式 …… 233
- Chapter 6 **Visual Studio 2010 での新機能** …… 234
  - 6.1 省略可能な引数（オプション引数） …… 234
  - 6.2 名前付き引数 …… 235

- 6.3 共変性と反変性 ……… 237
- 6.4 PLINQ ……… 240

Chapter 7 Visual Studio 2012 での新機能 ……… 244
- 7.1 呼び出し元情報（*Caller Info*）属性 ……… 244
- 7.2 async / await キーワード ……… 247

Chapter 8 Visual Studio 2015 での新機能 ……… 252
- 8.1 自動実装プロパティの初期化子 ……… 252
- 8.2 読み取り専用プロパティの自動実装 ……… 253
- 8.3 ラムダ式によるメンバー定義 ……… 254
- 8.4 補間文字列（*String Interpolation*）……… 256
- 8.5 nameof 演算子 ……… 257
- 8.6 Null 条件演算子 ……… 259
- 8.7 using static ディレクティブ ……… 260

Part 3 LINQを活用しよう ……… 263

Chapter 1 LINQ to Objects ……… 264

Chapter 2 LINQ to ADO.NET ……… 268
- 2.1 LINQ to DataSet ……… 268
- 2.2 LINQ to SQL ……… 271
- 2.3 LINQ to Entities ……… 273

Chapter 3 LINQ to XML（XLinq）……… 276

Chapter 4 Parallel LINQ（PLINQ）……… 279

Chapter 5 Reactive Extensions（Rx）……… 281

Chapter 6 LINQ to CSV ……… 287

Chapter 7 Html Agility Pack ……… 290

Chapter 8 Web サービスを利用するための LINQ ……… 294
- 8.1 LINQ to JSON ……… 294
- 8.2 LINQ-to-Wiki ……… 298

Chapter 9 他のプラットフォームの LINQ ……… 300
- 9.1 linq.js ……… 301

Appendix　Visual Studio Community 2015の インストールと使い方 ……… 305

- Chapter 1　**Visual Studio 2015 の特徴と種類** ……… 306
- Chapter 2　**インストール** ……… 309
- Chapter 3　**初めての起動** ……… 311
- Chapter 4　**コンソールプログラムを作る** ……… 316
  - 4.1　プロジェクトを作る ……… 317
  - 4.2　プログラムを書く ……… 319
  - 4.3　ビルド，デバッグ実行 ……… 320
  - 4.4　完成したプログラムを配布する ……… 321
- Chapter 5　**Windows フォームプログラムを作る** ……… 324
  - 5.1　プロジェクトを作る ……… 325
  - 5.2　UI を作る ……… 327
  - 5.3　プログラムを書く ……… 331
- Chapter 6　**WPF プログラムを作る** ……… 333
  - 6.1　プロジェクトを作る ……… 334
  - 6.2　UI を作る ……… 336
  - 6.3　プログラムを書く ……… 339

おわりに ……… 345

Index ……… 348

- **●サンプルコードのダウンロードサイトのご案内**
  本書のサンプルコードは，技術評論社の以下のWebサイトからダウンロードできます．
  http://gihyo.jp/book/2016/978-4-7741-8094-6/support

- **●本書掲載のURL等の情報について**
  本書掲載のURL等の情報は本書執筆時点のものです．変わる可能性もありますのでご留意ください．

- **●本書中の書式/コード中の記号について**
  書式やコード中で「➡」で示した箇所は，本来は1行で示すべきところを，紙幅の都合で2行に分けた（本来は1行で続いている）ことを示しています．

- **●本書中の参照箇所の表記について**
  参照先の章，節，項を示す場合，当該の部のものであるときは，部の表記は省略しています．

Part 1
LINQマジック

LINQとはどのようなものか？ このことを一言で説明することはできません．とても不思議な動作をするものです．

この第1部では，LINQを使ったコードを試していって，LINQの不思議に慣れてもらってから，LINQの仕組みを解説していきます．

読み進むに当たっては，できるだけ実際にコーディングしてみることをお勧めします．付録には，無償で利用できるVisual Studio 2015の使い方も詳しく掲載してあります．ぜひ，試してみてください．

Chapter 1 "Hello, LINQ!"

 プログラミングの解説は "Hello, world!" プログラムから始めるのがお約束になっています.本書もそれにならいますが,少し変わったコードをご紹介します.

1.1 Windowsフォームにベジエ曲線を描く

 文字列を表示するだけの "Hello, world!" プログラムは,あまり面白くありません.なにより,この本の読者の皆さんはとっくに卒業されているでしょう.ここでは,Windows フォームのアプリにベジエ曲線で文字を描いて,手書きふうの表示にしてみましょう(→ 図 1.1).

 まず,Visual Studio で Windows フォームのプロジェクトを作ります[*1].そうしたら,自動生成された「Form1.cs」のコードを表示し,ベジエ曲線のデータをメンバー変数としてリスト 1.1 のように追加します.

 リスト 1.1 のコードは,文字「H」の左の縦棒に当たる部分だけを載せています.コードの全体は第 1.3 節に掲載してあります.

 ここで定義しているメンバー変数「BezierPoints」は,PointF 構造体の配列を要素に持つリストです.System.Drawing 名前空間に属する PointF 構造体は,2次元の点を表します.PointF 構造体が 4 個で 1 本のベジエ曲線が決まるので[*2],その 4 個をまとめて配列に入れました(new PointF[] で配列を生成するのと同時に初期化).そして,その配列(= 1 本のベジエ曲線のデータ)を要素として持つ**ジェネリックコレクション**(→ 第 2 部 第 4.1 節)List<PointF>

[*1] Visual Studio 2015 をインストールして Windows フォーム用のプロジェクトを作るまでの手順は,付録をご覧ください.

[*2] 正確には,1 本のベジエ曲線の定義には 3 の倍数プラス 1 個(すなわち 4 個 / 7 個 / 10 個……)の点が必要です.

図1.1 ベジエ曲線で描画した"Hello, LINQ!"

リスト1.1 "Hello, LINQ!" プログラム──ベジエ曲線のデータ（部分）

```
// ベジエ曲線のデータ
List<PointF[]> BezierPoints = new List<PointF[]>()
{
  new PointF[] {
    new PointF(3.8056f,5.0588f),                                     // 開始点
    new PointF(3.0325f,8.9961f), new PointF(3.1565f,12.832f),        // 制御点1,2
    new PointF(3.1567f,16.927f), },                                  // 終了点
    // ここまでで1本のベジエ曲線を表現するデータ
    ……（以下省略）……
}
```

クラスのオブジェクトとして，全体を1つのデータにまとめています．なお，`List<PointF>` クラスのオブジェクトを生成する際には，同時にその要素を代入できます．配列の初期化と同様ですが，これは**コレクション初期化子**と呼ばれます（→ 第2部 第5.6節）．

それでは，Windowsフォームが表示されたときに，上で定義したベジエ曲線を描画してみましょう．それには，`Form` クラスの `OnPaint` メソッドをオーバーライドします（→ 次ページリスト1.2）．

> **リスト1.2** "Hello, LINQ!" プログラム――ベジエ曲線を描画する

```
protected override void OnPaint(PaintEventArgs e)
{
  base.OnPaint(e);

  // 描画に使う「Pen」を生成
  Pen pen = new Pen(Color.Blue, 1.5f);

  // 【LINQマジック!】すべてのベジエ曲線を描画
  BezierPoints.ForEach(points => e.Graphics.DrawBeziers(pen, points));
}
```

　実際のコードは，描画する図形の移動／拡大などの処理も必要なので，もう少し長くなります．コードの全体は第1.3節に掲載してあります．
　多数のベジエ曲線を描画する肝心の部分は，「`BezierPoints.ForEach ……`」で始まる呪文のような1行で完結しています．**これがLINQを使った書き方**なのです．これだけで，先の画像に示した "Hello, LINQ!" という手書き文字ふうの表示が完成します．**たった1行のコードで，多数のベジエ曲線を描画してしまえる**のです．
　これから，この**不思議な書き方**について詳しく説明していきますが，いまのところは「なんだかすごそうだぞ！」と感じていただくだけで十分です．簡単に説明しておくと，この ForEach メソッドというのは，BezierPoints コレクションのそれぞれの要素（ここでは，それは PointF 構造体を収めた配列です）に対して，引数に与えた処理を実行します[*3]．引数に与えている「points => ……」という記述は，「**ラムダ式**」（→ 第2部 第2章）というものです．ラムダ式とはとりあえずメソッドの簡略記法だと思ってください．つまり，メソッドを丸ごと引数として渡しているのです．

1.2 LINQはforループを簡潔に書ける

　前節で示したコードを，LINQを使わずに書き直してみます．そうすれば，何をやっているコードなのか理解できることでしょう．
　まず，for ループで書き直してみます（→ リスト 1.3）．

[*3] ForEach メソッドは List<T> クラス（System.Collections.Generic 名前空間）のメソッドです．System.Linq 名前空間の拡張メソッド（→ 第2部 第1章）ではありません．そのため，ForEach メソッドは LINQ に含まれないと考える人もいます．

1.2 LINQ は for ループを簡潔に書ける

リスト1.3 "Hello, LINQ!" プログラム——forループで描画する

```
protected override void OnPaint(PaintEventArgs e)
{
  base.OnPaint(e);

  // 描画に使う「Pen」を生成
  Pen pen = new Pen(Color.Blue, 1.5f);

  // すべてのベジエ曲線を描画（forループ）
  for (int i = 0; i < BezierPoints.Count; i++)
  {
    e.Graphics.DrawBeziers(pen, BezierPoints[i]);
  }
}
```

　このコードは問題なく読めるでしょう．前節の LINQ を使ったコードは，この for ループと同じ結果が得られるのです．

　for ループの中で，`BezierPoints[i]` を参照しています．これは i 番目の `PointF` 構造体の配列を意味します（すなわち，i 番目のベジエ曲線のデータです）．`DrawBeziers` メソッドは，引数に与えられた `Pen` オブジェクト（描画する線の幅や色などの情報を持っています）と `PointF` 構造体の配列を使って，ベジエ曲線を描画します．それを for ループで回して，すべてのベジエ曲線を描画しているわけです．

　もう1つ，foreach ループでも書いてみます（→ リスト 1.4）．foreach ループでも，for ループと同じように書けます．

リスト1.4 "Hello, LINQ!" プログラム——foreachループで描画する

```
protected override void OnPaint(PaintEventArgs e)
{
  base.OnPaint(e);

  // 描画に使う「Pen」を生成
  Pen pen = new Pen(Color.Blue, 1.5f);

  // すべてのベジエ曲線を描画（foreachループ）
  foreach(var points in BezierPoints)
  {
```

```
    e.Graphics.DrawBeziers(pen, points);
  }

  // 比較：LINQを使った書き方
  // BezierPoints.ForEach(points => e.Graphics.DrawBeziers(pen, points));
}
```

　このコードでも，同じ結果が得られます（foreachの後ろに出てくるvarについては第2部第5.1節を参照）．
　このforeachループでは，ループを回るごとにBezierPointsコレクションから要素を1つ取り出してpoints変数（= PointF構造体の配列）に格納し，それからループ内を実行します．
　LINQを使った書き方で，その引数のラムダ式のところにいきなりpointsと出てきて「何だこれは!?」と思われたでしょうが，図1.2を見てください．foreachループを使った書き方とLINQを使った書き方を比較しています（繰り返しますが，この2つは同じ結果が得られるのです）．

図1.2　foreachループを使った書き方とLINQを使った書き方の比較

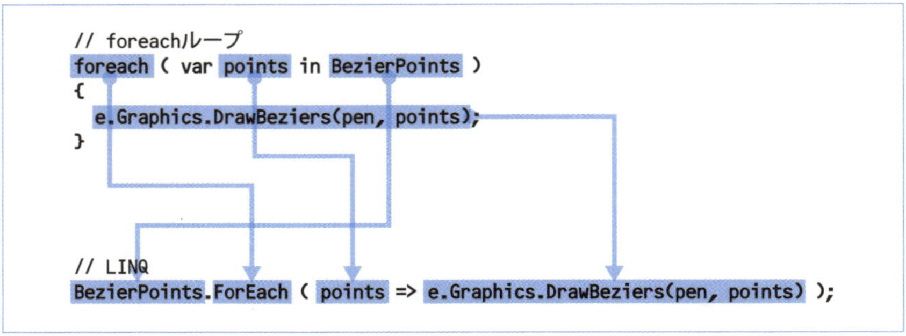

```
  // foreachループ
  foreach ( var points in BezierPoints )
  {
      e.Graphics.DrawBeziers(pen, points);
  }



  // LINQ
  BezierPoints.ForEach ( points => e.Graphics.DrawBeziers(pen, points) );
```

　こうして比べてみると，同じパーツを使って書かれていることがわかります．ラムダ式の冒頭にいきなり登場する変数は，foreachループのループ変数に相当するものだったのです．謎が1つ解けました．
　これで，**LINQマジック**の使い手となる第一歩を踏み出すことができました．LINQを使うと**ループ処理が簡潔に書ける**のです．

1.5 「"Hello, LINQ!"」のコード

本章で使ったソースコードを紹介しておきます．Visual Studio 2015 で作成しています[*4]．

作成したプロジェクトのうち，「Form1.cs」ファイルのコードビハインドだけを編集します．コードビハインドを編集するには，ソリューションエクスプローラーで［Form1.cs］を選択しておいて F7 キーを押すか，または，［Form1.cs］の左側にある三角マークをクリックしてツリーを展開して［Form1］をクリックします．

完成した Form1.cs のコードビハインドをリスト 1.5 に示します．

リスト1.5 "Hello, LINQ!" プログラム──ソースコード全体

```
using System.Collections.Generic;
using System.Drawing;
using System.Windows.Forms;

namespace HelloLinq
{
  public partial class Form1 : Form
  {
    // ベジエ曲線のデータ
    List<PointF[]> BezierPoints = new List<PointF[]>()
    {
      // "H"
      new PointF[] {
        new PointF(3.8056f,5.0588f),                              // 開始点
        new PointF(3.0325f,8.9961f),
                       ➡new PointF(3.1565f,12.832f), // 制御点1,2
        new PointF(3.1567f,16.927f), },                           // 終了点
      // ここまでで1本のベジエ曲線
      new PointF[] {
        new PointF(9.3564f,4.2675f),
        new PointF(8.6114f,4.9082f), new PointF(9.1444f,10.107f),
        new PointF(9.0162f,14.204f), },
      new PointF[] {
        new PointF(1.7249f,10.917f),
```

[*4] Visual Studio 2015 をインストールして Windows フォーム用のプロジェクトを作るまでの手順は，付録をご覧ください．

```
      new PointF(1.8088f,10.002f), new PointF(4.9722f,8.948f),
      new PointF(11.22f,8.011f), },
    // "e"
    new PointF[] {
      new PointF(13.826f,11.847f),
      new PointF(14.789f,11.554f), new PointF(19.963f,10.132f),
      new PointF(19.916f,8.416f),
      new PointF(19.925f,7.4266f), new PointF(17.72f,7.829f),
      new PointF(16.492f,8.433f),
      new PointF(7.9433f,12.406f), new PointF(14.483f,18.399f),
      new PointF(20.417f,11.774f), },
    // "l"
    new PointF[] {
      new PointF(22.631f,2.1096f),
      new PointF(22.549f,6.4196f), new PointF(22.905f,11.279f),
      new PointF(22.905f,15.374f), },
    // "l"
    new PointF[] {
      new PointF(26.889f,2.0352f),
      new PointF(26.807f,6.3452f), new PointF(27.163f,11.205f),
      new PointF(27.163f,15.3f), },
    // "o"
    new PointF[] {
      new PointF(33.186f,8.7254f),
      new PointF(38.198f,5.6181f), new PointF(39.811f,8.777f),
      new PointF(36.802f,12.102f),
      new PointF(31.515f,17.643f), new PointF(27.863f,13.584f),
      new PointF(33.186f,8.7254f), },
    // ","
    new PointF[] {
      new PointF(41.519f,12.567f),
      new PointF(43.485f,11.576f), new PointF(44.479f,13.727f),
      new PointF(40.65f,16.734f), },
    // "L"
    new PointF[] {
      new PointF(54.897f,4.1654f),
      new PointF(55.085f,5.133f), new PointF(54.834f,12.743f),
      new PointF(54.695f,14.529f),
      new PointF(54.057f,13.968f), new PointF(56.412f,15.71f),
      new PointF(62.144f,12.213f), },
```

```
    // "I"
    new PointF[] {
      new PointF(64.444f,3.444f),
      new PointF(64.02f,7.7605f), new PointF(63.888f,9.1602f),
      new PointF(64.257f,14.79f), },
    // "N"
    new PointF[] {
      new PointF(69.251f,4.1703f),
      new PointF(69.169f,8.4383f), new PointF(68.766f,11.512f),
      new PointF(69.178f,14.701f), },
    new PointF[] {
      new PointF(68.683f,3.2324f),
      new PointF(71.477f,8.0487f), new PointF(75.023f,11.654f),
      new PointF(76.009f,8.4972f), },
    new PointF[] {
      new PointF(76.462f,2.7969f),
      new PointF(75.971f,8.2269f), new PointF(75.454f,12.117f),
      new PointF(75.893f,14.363f), },
    // "Q"
    new PointF[] {
      new PointF(85.468f,5.4951f),
      new PointF(90.871f,2.6805f), new PointF(92.515f,5.1968f),
      new PointF(88.108f,9.3595f),
      new PointF(78.135f,18.621f), new PointF(74.822f,9.4202f),
      new PointF(88.515f,3.5158f), },
    new PointF[] {
      new PointF(84.727f,10.401f),
      new PointF(86.375f,13.269f), new PointF(88.039f,14.637f),
      new PointF(89.273f,15.799f), },
    // "!"
    new PointF[] {
      new PointF(95.139f,2.7273f),
      new PointF(94.843f,6.9986f), new PointF(94.821f,7.3694f),
      new PointF(94.506f,10.57f), },
    new PointF[] {
      new PointF(94.308f,12.294f),
      new PointF(93.598f,12.792f), new PointF(93.498f,13.879f),
      new PointF(94.779f,13.188f),
      new PointF(95.444f,12.773f), new PointF(95.481f,11.645f),
      new PointF(94.394f,12.291f), },
```

```csharp
    };

    public Form1()
    {
        InitializeComponent();

        // ウィンドウのタイトル
        this.Text = "Hello, world!";

        // 描画をダブルバッファリングする指定
        this.SetStyle(ControlStyles.OptimizedDoubleBuffer, true);
        this.SetStyle(ControlStyles.AllPaintingInWmPaint, true);
    }

    protected override void OnPaint(PaintEventArgs e)
    {
        base.OnPaint(e);

        // Graphicsの既存の状態を保存
        System.Drawing.Drawing2D.GraphicsState state = e.Graphics.Save();

        // アンチエイリアシングと移動/拡大を設定
        e.Graphics.SmoothingMode
            = System.Drawing.Drawing2D.SmoothingMode.AntiAlias;
        e.Graphics.PixelOffsetMode
            = System.Drawing.Drawing2D.PixelOffsetMode.HighQuality;
        e.Graphics.TranslateTransform(10.0f, 90.0f);
        e.Graphics.ScaleTransform(2.75f, 3.5f);

        // 描画に使う「Pen」を生成
        Pen pen = new Pen(Color.Blue, 1.5f);

        // 【LINQマジック!】すべてのベジエ曲線を描画
        BezierPoints.ForEach(points => e.Graphics.DrawBeziers(pen, points));

        // Graphicsの状態を復元
        e.Graphics.Restore(state);
    }
  }
}
```

Column ベジエ曲線データを PowerPoint で作る

本章のコードには，ベジエ曲線を定義する点データが大量に出てきます．どうやってデータを作ったのか，種明かしもしておきましょう．PowerPoint で作ったのです[*5]．

まず PowerPoint の「曲線」を使って文字を描きます．PowerPoint の「曲線」はベジエ曲線です．頂点を編集するときに表示される小さな黒塗りの四角は開始点 / 終了点，白抜きの四角は制御点です（次の図では，文字「o」の部分の頂点を編集中）．

PowerPointで曲線を編集しているところ（PowerPoint 2013）

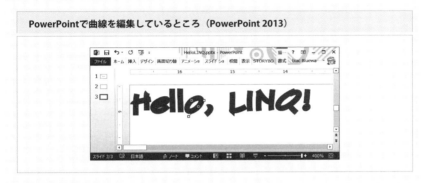

次に，完成した図形を，[ファイル] メニューの [エクスポート] で xps 形式で書き出します．xps ファイルの実態は ZIP ファイルなので，拡張子を「.zip」に変更すると中身を取り出せます．ほしいファイルは，ZIP ファイル内の **Documents¥1¥Pages** にある「**1.fpage**」ファイルです．これを別の場所にコピーし，「メモ帳」などで開きます．このファイルは，次のような要素が多数含まれた XML フォーマットになっています．

```
<Path Data="M 3.8056,5.0588 C 3.0325,8.9961 3.1565,12.832 3.1567,16.927 "
    Stroke="#FFFF0000" StrokeThickness="3" StrokeMiterLimit="8">
```

この中の **Data** 属性の部分（「**M 3.8056,** ……」で始まる部分）がベジエ曲線のデータです．この書式は「パスマークアップ構文」と呼ばれるもので，詳細は MSDN を参照してください（厳密には，途中に「**C**」と入っているので 3 次ベジエ曲線）．あとは，エディターのマクロや簡単なプログラムを組むなどして，この **Data** 属性の部分を取り出して整形すればよいのです．ちなみに，XAML を使って UI を記述する WPF や UWP アプリでベジエ曲線を描くときは，パスマークアップ構文をそのまま指定します．

[*5] この手順は，Gushwell 氏の「WPF サンプル:PowerPoint で作成した図形を WPF で表示する」（URL は以下のとおり）を参考にいたしました．
http://gushwell.ldblog.jp/archives/52317471.html

前章で紹介した LINQ の ForEach メソッドは，メソッド自体からは何も出力しませんでした．引数に与えたラムダ式を実行して，終わりです．しかし，LINQ のメソッドの多くのものは，何か出力します．その「何か」は，1つの値のこともあればコレクションのこともあります．

値を出力する例として，この章では数値を集計する処理を LINQ で書いてみましょう．この章では，コンソールプログラムを作ります[6]．

2.1 準備

この章では，コレクションに格納した整数を扱います．そのために使う共通の処理を，先に説明しておきましょう．

2.1.1 1〜10 までの整数が入ったコレクションを用意する

複数の整数を格納するモノというと整数の配列を思い浮かべるかもしれませんが，ここでは汎用的なコレクションを表す **IEnumerable<T> インターフェイス**（System.Collections.Generic 名前空間）を使います．IEnumerable<T> インターフェイスは，どんなコレクションでも持っている性質，すなわち**コレクションに格納しているものを「列挙できる」という性質**を表しています．

System.Linq 名前空間の Enumerable クラスに用意されている **Range メソッド**を使うと，1〜10 までの整数が入ったコレクションは次のリスト 2.1 のように 1 行で書けます．

---

[6] Visual Studio 2015 をインストールしてコンソールプログラム用のプロジェクトを作るまでの手順は，付録をご覧ください．

2.1 準備

リスト2.1 1〜10までの整数が入ったコレクションを用意する

```
IEnumerable<int> numbers = Enumerable.Range(1, 10);
```

　配列は Array クラス（System 名前空間）を継承しており，Array クラスは IEnumerable インターフェイスを実装しています．つまり，配列も IEnumerable インターフェイスを実装しているのです．したがって，配列を使っても上と同じ結果を得られます（→ リスト 2.2）．

リスト2.2 1〜10までの整数が入ったコレクションを用意する（従来の書き方）

```
int[] numbers_oldstyle = new int[10];
for (int i = 0; i < 10; i++)
  numbers_oldstyle[i] = i + 1;
```

　配列を使った書き方は長くなるだけでなく，配列の要素数が先にわかっていないといけません．リスト 2.1 に示した Enumerable クラスの Range メソッドを使う方法では，1 行で済みました．このようにコレクションの機能を活用することによって，簡潔で柔軟なコードが書けるのです．

2.1.2 コレクションの内容を表示する

　この章では，コレクションに格納されている整数をすべて表示するコードを何度も書くことになります．先にそのようなメソッドを作っておきましょう．
　このメソッドは「`WriteNumbers`」という名前にしましょう．これが，コレクションと文字列を受け取り，コンソールにその文字列とコレクションの内容を表示します（→ リスト 2.3）．

リスト2.3 コレクション内の整数をすべて表示するメソッド（C# 6での書き方）

```
using static System.Console; // 冒頭に追加

……（省略）……

private static void WriteNumbers(IEnumerable<int> numbers, string header)
{
  Write($"{header}:");
  foreach (var n in numbers)
    Write($" {n}");
```

```
  WriteLine();
}
```

上のリスト 2.3 では，Visual Studio 2015 の C# 6 で追加された機能を 2 つ使っています．

1 つは「**using static**」で，静的メソッドを書くときにクラス名を省略できます．

もう 1 つは手前に「**$」記号を付けた文字列**です．文字列中に変数を直接埋め込むことができます（→ 第 2 部 第 8.4 節）．

なお，C# 6 でも，次のリスト 2.4 のように従来の書き方もできます．

リスト2.4 コレクション内の整数をすべて表示するメソッド（従来の書き方）

```
private static void WriteNumbers_oldstyle(IEnumerable<int> numbers,
                                          string header)
{
  Console.Write("{0}:", header);
  foreach (var n in numbers)
    Console.Write(" {0}", n);
  Console.WriteLine();
}
```

それでは，先ほどの 1 〜 10 までの整数が入ったコレクションを作るコードと組み合わせて，ちゃんとコレクションが作成できていることを確かめましょう（→ リスト 2.5）．

リスト2.5 コレクションを作って表示する

```
// 1 〜 10 までの整数を用意する（LINQ）
IEnumerable<int> numbers = Enumerable.Range(1, 10);
WriteNumbers(numbers, "整数の入ったコレクション");
//【出力】
// 整数の入ったコレクション: 1 2 3 4 5 6 7 8 9 10

// 1 〜 10 までの整数を用意する（従来の書き方）
int[] numbers_oldstyle = new int[10];
for (int i = 0; i < 10; i++)
  numbers_oldstyle[i] = i + 1;
```

```
WriteNumbers_oldstyle(numbers_oldstyle,
                    "整数の入ったコレクション(従来の書き方)");
// 【出力】
// 整数の入ったコレクション(従来の書き方): 1 2 3 4 5 6 7 8 9 10
```

上で作成した「**WriteNumbers**」メソッドは,次からは説明せずに使います.

2.1.3 コードの全体

上で作成したコードの全体を掲載しておきます.なお,LINQ の機能を使うには,冒頭で System.Linq 名前空間を using しておく必要があります.忘れないでください.

リスト2.6 コレクションを作って表示するコードの全体

```
using System;
using System.Collections.Generic;
using System.Linq; // LINQの機能を使うには必要
using static System.Console; // C# 6の機能

class Program
{
  // コレクション内のすべての整数を表示するメソッド
  private static void WriteNumbers(IEnumerable<int> numbers,
                                   string header)
  {
    Write($"{header}:");  // C# 6の機能
    foreach (var n in numbers)
      Write($" {n}");
    WriteLine();
  }

  // コレクション内のすべての整数を表示するメソッド(従来の書き方)
  private static void WriteNumbers_oldstyle(IEnumerable<int> numbers,
                                            string header)
  {
    Console.Write("{0}:", header);
    foreach (var n in numbers)
      Console.Write(" {0}", n);
    Console.WriteLine();
```

```csharp
  }

  static void Main(string[] args)
  {
    // 1～10までの整数を用意する（LINQ）
    IEnumerable<int> numbers = Enumerable.Range(1, 10);
    WriteNumbers(numbers, "整数の入ったコレクション");
    //【出力】
    // 整数の入ったコレクション: 1 2 3 4 5 6 7 8 9 10

    // 1～10までの整数を用意する（従来の書き方）
    int[] numbers_oldstyle = new int[10];
    for (int i = 0; i < 10; i++)
      numbers_oldstyle[i] = i + 1;
    WriteNumbers_oldstyle(numbers_oldstyle,
                          "整数の入ったコレクション（従来の書き方）");
    //【出力】
    // 整数の入ったコレクション（従来の書き方）: 1 2 3 4 5 6 7 8 9 10
#if DEBUG
    // Visual Studio からデバッグ実行したときに，
    // コンソールがすぐに閉じてしまわないようにする
    ReadKey();
#endif
  }
}
```

次節からは，この Main メソッドの中身だけを掲載します．

2.2 すべてを合計する

整数の入ったコレクションに対する処理というと，まずは合計を求めることが思い浮かぶでしょう．コレクションに入っている整数を順に取り出して加算していけばよいのですから，従来の書き方なら次のリスト 2.7 のように書けます．

リスト2.7 コレクション内の整数を合計するコード（従来の書き方）

```csharp
// 1～10までの整数を用意する
```

```
IEnumerable<int> numbers = Enumerable.Range(1, 10);
WriteNumbers(numbers, "元の数値");
// 【出力】
// 元の数値: 1 2 3 4 5 6 7 8 9 10

// 従来の書き方
int sum = 0;
foreach (var n in numbers)
  sum += n;
WriteLine($"従来の書き方: {sum}");
// 【出力】
// 従来の書き方: 55
```

　1～10の整数が入ったコレクション「numbers」から整数を1つずつforeach構文で取り出し，変数「sum」に加算していって，合計を算出しています．合計を求めるために3行のコードを書いています．

　さて，ここでLINQの登場です．LINQには合計を求めるための**Sumメソッド**が用意されています（System.Linq名前空間のEnumerableクラスの**拡張メソッド**（→第2部第1章）です）．これを使うと，合計を求める部分が次のリスト2.8のように1行で書けてしまうのです．

リスト2.8 コレクション内の整数を合計するコード（LINQのSumメソッドを使用）

```
int sum = numbers.Sum();
WriteLine($"LINQのSumメソッド: {sum}");
// 【出力】
// LINQのSumメソッド: 55
```

　このSumメソッドのような拡張メソッドがEnumerableクラスに多数用意されており，「**LINQ拡張メソッド**」あるいは省略して「**LINQ拡張**」などと呼びます．LINQ拡張メソッドを使いこなせるようになることが，**LINQマジック**習得の第1段階です．

　整数のコレクションに対して計算を行うLINQ拡張メソッドには，このほかに平均値を求める**Averageメソッド**（→次ページリスト2.9）や，最小値/最大値を求める**Min/Maxメソッド**（→第2.3.1項）があります[*7]．

[*7] このほかにも第1部には，さまざまな「LINQ拡張メソッド」が登場します．その一覧は，第3部第1章表1.1に掲載してあります．

> **リスト2.9** 平均値を求めるコード（LINQのAverageメソッドを使用）

```
double ave = numbers.Average();
WriteLine($"LINQのAverageメソッド: {ave}");
// 【出力】
// LINQのAverageメソッド: 5.5
```

2.3 条件を満たす数値だけを取り出す

　整数のコレクションから特定の数値だけを取り出したいこともあります．最大値や最小値，あるいは偶数だけを取り出したいといったような場合です．
　LINQ 拡張には，そのようなメソッドも用意されています．

2.3.1 最小値/最大値を取り出す

　最小値/最大値を取り出すには，**Min** メソッド / **Max** メソッドを使います（→リスト 2.10）．

> **リスト2.10** 最小値/最大値を取り出すコード（LINQのMin/Maxメソッドを使用）

```
IEnumerable<int> numbers = Enumerable.Range(1, 10);
WriteNumbers(numbers, "元の数値");
// 【出力】
// 元の数値: 1 2 3 4 5 6 7 8 9 10

// 最小値を取り出す
int min = numbers.Min();
WriteLine($"LINQのMinメソッド: {min}");
// 【出力】
// LINQのMinメソッド: 1

// 最大値を取り出す
int max = numbers.Max();
WriteLine($"LINQのMaxメソッド: {max}");
// 【出力】
// LINQのMaxメソッド: 10
```

　リスト 2.10 のように，LINQ ではそれぞれ 1 行で最小値/最大値を取り出せます．しかし，従来の書き方では，やはりちょっとした手間でした（→リスト

2.11).

リスト2.11 最小値/最大値を取り出すコード（従来の書き方）

```
int min = int.MaxValue;
int max = int.MinValue;
foreach (int n in numbers)
{
  if (n < min)
    min = n;
  if (n > max)
    max = n;
}

WriteLine($"最小値（従来の書き方）：{min}");
//【出力】
// 最小値（従来の書き方）：1

WriteLine($"最大値（従来の書き方）：{max}");
//【出力】
// 最大値（従来の書き方）：10
```

　この従来の書き方では（中括弧を含めずに）7行あったコードが，LINQを使うとたった2行で済みました．LINQの威力がよくわかりますね．

2.5.2 偶数だけを取り出す

　さて次に，偶数だけを取り出したいといったような場合です．それにはLINQ拡張の **Where 拡張メソッド** を使います．「偶数だけ」といった条件を指定するためには，Where 拡張メソッドへの引数としてラムダ式（→第2部第2章）を使います．

　先に従来の書き方を見ておきましょう（→リスト2.12）．

リスト2.12 偶数だけを取り出すコード（従来の書き方）

```
var results = new List<int>();
foreach (int n in numbers)
  if (n % 2 == 0)
    results.Add(n);
```

```
WriteNumbers(results, "偶数だけ (従来の書き方)");
//【出力】
// 偶数だけ (従来の書き方): 2 4 6 8 10
```

　上のコードでは，取り出した偶数を格納するためのコレクションを先に宣言しておいて(「results」変数)，foreach ループで整数を1つずつ取り出しては偶数かどうか検査し，偶数だったときには用意しておいたコレクションに追加する，という処理を行っています．
　これが，LINQ 拡張の Where メソッドを使えば1行で書けるのです．
　そのコードを示す前に，Where メソッドの引数に渡すラムダ式を検討しておきましょう．
　前章で，ForEach メソッドに渡すラムダ式と foreach 構文の対比を示しました（→第1.2節 図1.2）．同じように，上のリスト 2.12 では「foreach (int n in numbers)」として「numbers」コレクションから1つずつ整数を変数「n」に取り出しています．Where メソッドに与えるラムダ式の入力は，この変数「n」になります．そして，Where メソッドでは，ラムダ式の本体には条件式（今回の場合は「n % 2 == 0」）を書きます（→図2.1）．

図2.1　foreachループからWhereメソッド用のラムダ式へ

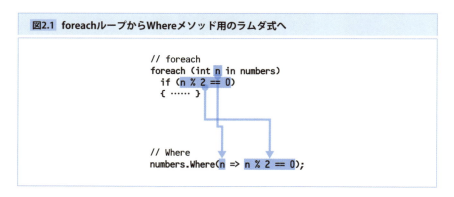

　したがって，LINQ 拡張の Where メソッドを使って偶数だけを取り出すコードは，次のリスト 2.13 のようになります．

リスト2.13　偶数だけを取り出すコード（LINQのWhereメソッドを使用）

```
var results = numbers.Where(n => n % 2 == 0);
```

```
WriteNumbers(results, "偶数だけ（LINQ）");
//【出力】
// 偶数だけ（LINQ）: 2 4 6 8 10
```

　この例では，従来の書き方で4行だったものが1行になりました．初めのうちはラムダ式の書き方に戸惑うかもしれませんが，慣れてしまえばこれほど便利なものはありません．

> **Column　Where 拡張メソッドと Select 拡張メソッド**
>
> 　Where 拡張メソッドは，Select 拡張メソッドとまぎらわしいのでご注意ください．
> 　Where メソッドは SQL 文の WHERE 句とほぼ同じ意味合いです．SQL 文に慣れているなら，すぐになじめますね．Select メソッドは SQL 文の SELECT 句とも少々違います．それぞれ，次のような機能を持ちます．
>
> - Select：コレクションの各要素を別のオブジェクトに変換する
> - Where：コレクションから条件に合ったものだけを取り出す

2.4 条件を満たす数値だけを合計する

　上で，偶数だけを取り出す方法を説明しました．では，取り出した偶数を合計するにはどうすれば良いでしょう？　取り出したコレクションに対して，先に説明した LINQ 拡張の Sum メソッドを使えばよいですね（➡ リスト 2.14）．

リスト2.14　偶数だけを合計するコード（LINQ-その1）

```
// 1 〜 10までの整数を用意する
IEnumerable<int> numbers = Enumerable.Range(1, 10);
WriteNumbers(numbers, "元の数値");
//【出力】
// 元の数値: 1 2 3 4 5 6 7 8 9 10

// 偶数だけを取り出す
var evenNumbers = numbers.Where(n => n % 2 == 0);
WriteNumbers(evenNumbers, "偶数だけ（LINQ-1）");
```

```
// 【出力】
// 偶数だけ (LINQ-1) : 2 4 6 8 10

// 取り出した偶数を合計する
var sum = evenNumbers.Sum();
WriteLine($"偶数だけの合計 (LINQ-1) : {sum}");
// 【出力】
// 偶数だけの合計 (LINQ-1) : 30
```

このリスト 2.14 のコードでは,まず前節で示したように Where メソッドを使って偶数だけを取り出して「evenNumbers」変数に格納し,あらためて「evenNumbers」変数(これはコレクション)に対して Sum メソッドを呼び出すことで結果を得ています.

リスト 2.14 のコードは,**メソッドチェーン**という書き方で 1 行に書いても同じです(➡ リスト 2.15).

リスト2.15 偶数だけを合計するコード(LINQ-その2)

```
var sum = numbers.Where(n => n % 2 == 0).Sum();
WriteLine($"偶数だけの合計 (LINQ-2) : {sum}");
// 【出力】
// 偶数だけの合計 (LINQ-2) : 30
```

Where メソッドの後ろに,続けて Sum メソッドを書いています.このように**メソッドをどんどんつなげる書き方**を**メソッドチェーン**といいます.LINQ 拡張メソッドの多くは返り値としてコレクション(IEnumerable<T> インターフェイス)を返すので,メソッドチェーンが可能なのです.メソッドチェーンで処理をどんどんつないでいって最後にほしい答えが出てくるというコーディングスタイルを取れるのも,LINQ の特徴といえるでしょう.

2.5 メモリ消費を確かめる

そろそろ,「なるほど,LINQ は便利そうだ」と思っていただけたことでしょう.

しかし同時に,「いちいちコレクションに書き出していては,メモリ消費がとんでもないことになるんじゃ!?」という疑問も持たれたので

はないかと思います．

前節では，偶数だけを取り出して「evenNumbers」変数（コレクション）に格納し，それから計算するというコードを示しましたが，「それより，従来のようにループで書いたほうがメモリ消費が少ないのでは？」という疑問です．ちょっと長い説明になりますが，ここで確かめておきましょう．

まず，プログラムが使用しているメモリ量を表示するメソッドを用意します（→リスト 2.16）．

リスト2.16　使用メモリ量を表示するメソッド

```
using static System.Console; // 冒頭に追加する必要がある

……（省略）……

static void WriteTotalMemory(string header)
{
  var totalMemory = GC.GetTotalMemory(true) / 1024.0 / 1024.0;
  WriteLine($"{header}: {totalMemory:0.0 MB}");
}
```

このメソッドは，GC クラス（System 名前空間）の GetTotalMemory メソッドを呼び出して，その時点でプログラムが使っているメモリ量を取得します．得られたメモリ使用量はバイト単位なので，1024 で 2 回割って M バイト単位に変えてからコンソールに表示しています．

それでは，1 〜 100 万の整数（100 万個）から偶数だけを取り出して，その平均値を求めてみましょう[8]．従来の書き方では，次のリスト 2.17 のようになります．

リスト2.17　整数100万個から偶数だけの平均値を求める（従来の書き方）

```
// 1 〜 100万（100万個）の整数を持つ配列（約4MB）
int[] numbers = Enumerable.Range(1, 1000000).ToArray();
WriteTotalMemory("配列確保後");
WriteLine($"配列の要素数: {numbers.Length}\n");
```

---

[8] この例題で合計を求めようとすると，LINQ 拡張の Sum メソッドはオーバーフローしてしまいます．対処するには，次のようにして long にキャストしてから合計します．
　　var sum = evenNumbers.Sum(n => (long)n);

```
// 従来の書き方 (1つのループ内で処理)
{ // ※A

  // 偶数だけを取り出して平均値を求める
  double ave = 0;
  int count = 0;
  foreach (int n in numbers)
  {
    if (n % 2 == 0)
    {
      count++;
      ave += (n - ave) / count;
    }
  }
  WriteTotalMemory("計算後 (従来の書き方)");
  WriteLine($"偶数だけの平均値 (従来の書き方): {ave}¥n");

} // ※A
```

　ここで「※A」というコメントを付けた中括弧がありますが，これは平均値を求める計算に使っているローカル変数のスコープを限定するためです（具体的には，次に掲載するLINQ版のコードでも「ave」という同名の変数を使うためです）．

　また，先に合計を出してから個数で割って平均値を求めようとすると，合計を格納する変数がオーバーフローします．そこで，上のコードではオーバーフローしにくいアルゴリズムにしています．詳しくはアルゴリズムに関する書籍などでお調べください（平均値を求めるオンラインアルゴリズム）．

　上のコードでは，最初に100万個の整数配列を確保します．その段階で4Mバイト弱のメモリを消費するはずです（intは4バイトなので，その100万倍で400万バイト＝4Mバイト弱）．また，平均値を計算する処理では「ave」と「count」というローカル変数を使うだけですから，追加のメモリ消費はほとんどないでしょう．

　続けて，LINQ拡張を使ったコードを次のリスト2.18に示します．

リスト2.18 整数100万個から偶数だけの平均値を求める（LINQ）

```
// LINQ
```

```
{
    // 偶数だけを取り出したコレクションを得る (2MBほど消費するか?)
    var evenNumbers = numbers.Where(n => n % 2 == 0);
    WriteTotalMemory("偶数だけ取り出した後"); // ※B

    // 平均値を求める
    var ave = evenNumbers.Average();
    WriteTotalMemory("計算後 (LINQ) ");
    WriteLine($"偶数だけの平均値 (LINQ) : {ave}");
}
```

　このコードでは，LINQ 拡張の Where メソッドを使って偶数だけを取り出し，それを「evenNumbers」変数に格納し，それから LINQ 拡張の Average メソッドで平均値を求めています．

　コメントで「※B」と付けたところでは，「evenNumbers」変数の分だけメモリを余計に消費しているはずですね．100 万個の整数のうち偶数は 50 万個ありますから，「evenNumbers」変数には 2M バイト弱（= 4 バイト × 50 万個）のデータが入っていそうです．最初に「numbers」変数に確保した 4M バイト弱と合わせて，メモリ消費量は 6M バイト弱に増えているはずです．

　それでは，両方のコードを続けて実行した結果を見てみましょう（→次ページ図 2.2）．

　この結果を見ると，100 万個の配列を確保したところで 4M バイト弱のメモリを消費し，従来の書き方で計算した後では，追加のメモリ消費はありません（実際には変数 2 個分だけ増えているはずですが，M バイト単位にしているので表示上はわかりません）．

　ここまでは予想どおりです．ですが，その次の LINQ での処理はどうでしょう？

　Where メソッドで偶数だけを取り出して「evenNumbers」変数に格納したはずです．そこには 2M バイト弱のデータが追加されているはずです．ところが実際の結果は，偶数だけを取り出した後でも，メモリ消費量は 4M バイト弱のまま です．増えていません．**なんということでしょう！**

新しく偶数 50 万個（2M バイト弱）のコレクションを作ったはずなのに，その分のメモリを消費していないのです．でも，その後の平均値の計算結果はちゃんと正しく出ていますから，偶数だけを取り出したコレクションが確かに存在していたはずなのです．まさに**マジック**ですね．

図2.2 平均値を求めるコードの実行例

このLINQマジックについては，後ほど詳しく解説します（→第6章，第7章）．いまのところは，あるコレクションから要素を取り出して別のコレクションを作っても，**LINQではメモリを余分に使わずに済む**のだと覚えておいてください．LINQでは，考えやすいように，あるいは，コードが理解しやすくなるように，必要なだけたくさんのコレクションを作ってよいのです．

2.6 nullを含むデータを処理する

ところで，コレクションに数値だけでなくnullも含まれているときはどうでしょうか？ nullを除外して処理したいのです．これは，データベースから取得してきたデータなどでよく必要となる処理です．

そのようなとき従来は，ループの中でまずnullかどうか判定し，それから本来の処理を書いていたでしょう．たとえば，最小値/最大値を取り出すコードは次のリスト2.19のようになります．

リスト2.19 nullも含むコレクションから最小値/最大値を求める（従来の書き方）

```
// 要素に null も持つ Nullable<int> 型の配列
int?[] numbers = {1, 2, null, 3, };
```

```
int min = int.MaxValue;
int max = int.MinValue;
bool areAllNull = true;
foreach (int? n in numbers)
{
  if (n == null)
    continue;

  areAllNull = false;
  if (n < min)
    min = n.Value;
  if (n > max)
    max = n.Value;
}

if (!areAllNull)
  WriteLine($"最小値, 最大値(従来の書き方): {min}, {max}");
  //【出力】
  // 最小値, 最大値(従来の書き方): 1, 3
else
  WriteLine("コレクションの内容がすべて null でした");
```

　このコードでは，コレクションの内容がすべて null だったときにも結果を出力できるように，「areAllNull」変数も導入しています．null が入ってきただけでずいぶんと複雑なコードになってしまいました（p.29「リスト2.11：最小値/最大値を取り出すコード（従来の書き方）」と比べてみてください）．

　では，LINQ ならどう書けるでしょう？ 第2.3.2項でやったように，Where 拡張メソッドを使って null ではない整数だけを取り出し，Min / Max 拡張メソッドを使えばよさそうです（→ リスト2.20）．

リスト2.20　nullも含むコレクションから最小値/最大値を求める（LINQ-その1）

```
// 要素に null も持つ Nullable<int> 型の配列
int?[] numbers = {1, 2, null, 3, };

var min = numbers.Where(n => n != null).Min();
var max = numbers.Where(n => n != null).Max();
```

```
if (min != null && max != null)*9
  WriteLine($"最小値，最大値（LINQ-その1）: {min}, {max}");
//【出力】
// 最小値，最大値（LINQ-その1）: 1, 3
else
  WriteLine("コレクションの内容がすべて null でした");
```

期待していた結果が得られたので，これで良さそうに思えます．ちょっと吟味してみましょう．

「min」変数と「max」変数は，if 文の中で null かどうかチェックしていますから，int? 型（null 許容型）です．ということは，それを返している Min 拡張メソッド/Max 拡張メソッドの返り値も int? 型です．では，その前の Where 拡張メソッドから受け取るものは何でしょうか？

Visual Studio のコードエディター上でマウスをホバーしてもらえばわかりますが，Min 拡張メソッド/Max 拡張メソッドが受け取るもの（= Where 拡張メソッドの返り値）は，この場合は int? 型のコレクション（IEnumerable<int?>）なのです（→ 図2.3）．

図2.3　Min メソッドが受け取るものを Visual Studio で確認する[*10]

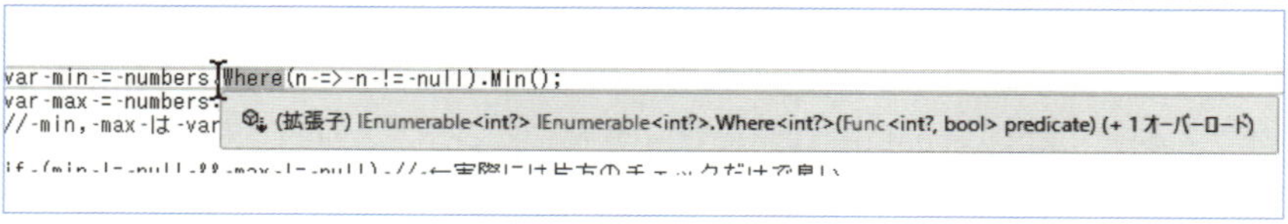

```
var min = numbers.Where(n => n != -null).Min();
var max = numbers
// min, max は var
       (拡張子) IEnumerable<int?> IEnumerable<int?>.Where<int?>(Func<int?, bool> predicate) (+ 1 オーバーロード)
if (min != null && max != null) // ← 実際には片方のチェックだけで良い
```

気がつかれましたか？ そうです，Where 拡張メソッドを使って null を取り除かなくても，Min 拡張メソッド/Max 拡張メソッドは受け取ってくれるのです．つまり，次のリスト 2.21 のように，さらにシンプルに書けます．

リスト2.21　null も含むコレクションから最小値/最大値を求める（LINQ-その2）

```
// 要素に null も持つ Nullable<int> 型の配列
```

[*9] ここでは min と max の両方を null チェックしていますが，実際には片方だけでかまいません．というのも，コレクションに null でない値が1つでも入っていれば，min も max も null にならないからです．すべて null のときだけ，min と max が同時に null になります．しかし，片方だけ null チェックするコードは，以上のような予備知識無しで読むと不安に駆られることでしょう．「なぜ片方は null チェックしていないのだろう？ コーディングのミスだろうか？」と．そこで，コメントを書いて説明するか，このコード例のようにあえて両方の null チェックを書くか，どちらかの対処をしておくのがよいでしょう．

[*10] 画像中，「(拡張子)」とあるのは，extension の誤訳です．正しくは「(拡張)」，または「メソッド」を補って「(拡張メソッド)」の意味です．

```
int?[] numbers = {1, 2, null, 3, };

int? min = numbers.Min();
int? max = numbers.Max();

if (min != null && max != null)
  WriteLine($"最小値, 最大値 (LINQ-その2) : {min}, {max}");
//【出力】
// 最小値, 最大値 (LINQ-その2) : 1, 3
else
  WriteLine("コレクションの内容がすべて null でした");
```

この例は,コードを書く前に MSDN のドキュメントをチェックしたり,ちょっとした「お試し」コードを書いて確認したりする習慣が大切なことを物語っています.

LINQ は,面倒なループ処理を簡単に書くための仕掛けでもありますから,調べてみると「こんな簡単な書き方ができるのか!」ということがちょくちょくあります.「楽をするために苦労する」ことになりますが,1 回わかってしまえば,**ずっと楽**ができるのです.

2.7 「数値の集計」のコード

本章で使ったソースコードを紹介しておきます.Visual Studio 2015 で作成しています[*11].

作成したプロジェクトのうち,「`Program.cs`」ファイルだけを編集します.コードを編集するには,ソリューションエクスプローラーで[Program.cs]を選択します.以下,「`Program.cs`」ファイルの内容を掲載します.

リスト2.22 「2.1:準備」

```
using System;
using System.Collections.Generic;
using System.Linq;
using static System.Console;   // C# 6 の機能

class Program
```

[*11] Visual Studio 2015 をインストールしてコンソールプログラム用のプロジェクトを作るまでの手順は,付録をご覧ください.

```csharp
{
    // コレクション内のすべての整数を表示するメソッド
    private static void WriteNumbers(IEnumerable<int> numbers,
                                    string header)
    {
        Write($"{header}:");
        foreach (var n in numbers)
            Write($" {n}");
        WriteLine();
    }

    // コレクション内のすべての整数を表示するメソッド（従来の書き方）
    private static void WriteNumbers_oldstyle(IEnumerable<int> numbers,
                                             string header)
    {
        Console.Write("{0}:", header);
        foreach (var n in numbers)
            Console.Write(" {0}", n);
        Console.WriteLine();
    }

    static void Main(string[] args)
    {
        // 1～10までの整数を用意する（LINQ）
        IEnumerable<int> numbers = Enumerable.Range(1, 10);
        WriteNumbers(numbers, "整数の入ったコレクション");

        // 1～10までの整数を用意する（従来の書き方）
        int[] numbers_oldstyle = new int[10];
        for (int i = 0; i < 10; i++)
            numbers_oldstyle[i] = i + 1;
        WriteNumbers_oldstyle(numbers_oldstyle,
                    "整数の入ったコレクション（従来の書き方）");

#if DEBUG
        // Visual Studio からデバッグ実行したときに，
        // コンソールがすぐに閉じてしまわないようにする
        Console.ReadKey();
#endif
    }
```

```
}
```

リスト2.23「2.2：すべてを合計する」

```csharp
using System;
using System.Collections.Generic;
using System.Linq;
using static System.Console;   // C# 6 の機能

class Program
{
  // コレクション内のすべての整数を表示するメソッド
  ……（省略．前と同じ）……

  //「2.2：すべてを合計する」
  static void Main(string[] args)
  {
    // 1 〜 10までの整数を用意する
    IEnumerable<int> numbers = Enumerable.Range(1, 10);
    WriteNumbers(numbers, "元の数値");

    // 従来の書き方
    {
      int sum = 0;
      foreach (var n in numbers)
        sum += n;
      WriteLine($"従来の書き方: {sum}");
    }

    // LINQ拡張メソッドのSum()を使う
    {
      int sum = numbers.Sum();
      WriteLine($"LINQのSumメソッド: {sum}");
    }

    // LINQ拡張には，平均値を求めるAverageメソッドなどもある
    {
      double ave = numbers.Average();
      WriteLine($"LINQのAverageメソッド: {ave}");
```

```
        }

#if DEBUG
        Console.ReadKey();
#endif
    }
}
```

リスト2.24「2.3：条件を満たす数値だけを取り出す」

```
using System;
using System.Collections.Generic;
using System.Linq;
using static System.Console;   // C# 6 の機能

class Program
{
    // コレクション内のすべての整数を表示するメソッド
    …… (省略. 前と同じ) ……

    //「2.3：条件を満たす数値だけを取り出す」
    static void Main(string[] args)
    {
        // 1～10までの整数を用意する
        IEnumerable<int> numbers = Enumerable.Range(1, 10);
        WriteNumbers(numbers, "元の数値");

        // 最小値/最大値を取り出す
        {
            int min = numbers.Min();
            WriteLine($"LINQのMinメソッド: {min}");

            int max = numbers.Max();
            WriteLine($"LINQのMaxメソッド: {max}");
        }

        // 最小値/最大値を取り出す (従来の書き方)
        {
            int min = int.MaxValue;
```

2.7「数値の集計」のコード

```
        int max = int.MinValue;
        foreach (int n in numbers)
        {
          if (n < min)
            min = n;
          if (n > max)
            max = n;
        }
        WriteLine($"最小値(従来の書き方): {min}");

        WriteLine($"最大値(従来の書き方): {max}");
      }

      // 偶数だけを取り出す(従来の書き方)
      {
        var results = new List<int>();
        foreach (int n in numbers)
          if (n % 2 == 0)
            results.Add(n);
        WriteNumbers(results, "偶数だけ(従来の書き方)");
      }

      // 偶数だけを取り出す(LINQ)
      {
        var results = numbers.Where(n => n % 2 == 0);
        WriteNumbers(results, "偶数だけ(LINQ) ");
      }
#if DEBUG
      Console.ReadKey();
#endif
    }
}
```

リスト2.25 「2.4:条件を満たす数値だけを合計する」

```
using System;
using System.Collections.Generic;
using System.Linq;
```

```csharp
using static System.Console;   // C# 6 の機能

class Program
{
  // コレクション内のすべての整数を表示するメソッド
  ……（省略．前と同じ）……

  //「2.4：条件を満たす数値だけを合計する」
  static void Main(string[] args)
  {
    // 1～10までの整数を用意する
    IEnumerable<int> numbers = Enumerable.Range(1, 10);
    WriteNumbers(numbers, "元の数値");

    // 偶数だけを取り出して合計する（LINQ）
    {
      var evenNumbers = numbers.Where(n => n % 2 == 0);
      WriteNumbers(evenNumbers, "偶数だけ（LINQ-1）");

      var sum = evenNumbers.Sum();
      WriteLine($"偶数だけの合計（LINQ-1）：{sum}");
    }

    // LINQ拡張メソッドはチェーンできる
    {
      var sum = numbers.Where(n => n % 2 == 0).Sum();
      WriteLine($"偶数だけの合計（LINQ-2）：{sum}");
    }
#if DEBUG
    Console.ReadKey();
#endif
  }
}
```

リスト2.26 「2.5：メモリ消費を確かめる」

```csharp
using System;
using System.Linq;
```

2.7「数値の集計」のコード

```csharp
using static System.Console;   // C# 6 の機能

class Program
{
  static void WriteTotalMemory(string header)
  {
    var totalMemory = GC.GetTotalMemory(true) / 1024.0 / 1024.0;
    WriteLine($"{header}: {totalMemory:0.0 MB}");
  }

  //「2.5：メモリ消費を確かめる」
  static void Main(string[] args)
  {
    // 1～100万（100万個）の整数を持つ配列（約4MB）
    int[] numbers = Enumerable.Range(1, 1000000).ToArray();
    WriteTotalMemory("配列確保後");
    WriteLine($"配列の要素数: {numbers.Length}\n");

    // 従来の書き方（1つのループ内で処理）
    {
      // 偶数だけを取り出して平均値を求める
      double ave = 0;
      int count = 0;
      foreach (int n in numbers)
      {
        if (n % 2 == 0)
        {
          count++;
          ave += (n - ave) / count;
        }
      }
      WriteTotalMemory("計算後（従来の書き方）");
      WriteLine($"偶数だけの平均値（従来の書き方）: {ave}\n");
    }

    // LINQ（コード上は偶数だけのコレクションを作るように見える）
    {
      // 偶数だけを取り出したコレクションを得る（2MBほど消費する？）
      var evenNumbers = numbers.Where(n => n % 2 == 0);
      WriteTotalMemory("偶数だけ取り出した後");
```

```
            // 平均値を求める
            var ave = evenNumbers.Average();
            WriteTotalMemory("計算後(LINQ)");
            WriteLine($"偶数だけの平均値(LINQ):{ave}");

            // 参考:合計するには,intのままでは桁あふれするので,
            //      longにキャストする必要がある
            // var sum = evenNumbers.Sum(n => (long)n);
        }

#if DEBUG
        Console.ReadKey();
#endif
    }
}
```

リスト2.27 「2.6:nullを含むデータを処理する」

```
using System;
using System.Linq;
using static System.Console;   // C# 6 の機能

class Program
{
    static void Main(string[] args)
    {
        // 要素に null も持つ Nullable<int> 型の配列
        int?[] numbers = {1, 2, null, 3, };

        // 従来の書き方
        {
            int min = int.MaxValue;
            int max = int.MinValue;
            bool areAllNull = true;
            foreach (int? n in numbers)
            {
                if (n == null)
```

2.7 「数値の集計」のコード

```
      continue;

    areAllNull = false;
    if (n < min)
      min = n.Value;
    if (n > max)
      max = n.Value;
  }
  if (!areAllNull)
    WriteLine($"最小値, 最大値(従来の書き方): {min}, {max}");
  else
    WriteLine("コレクションの内容がすべて null でした");
}

// LINQ(一応これでも結果は得られる)
{
  var min = numbers.Where(n => n != null).Min();
  var max = numbers.Where(n => n != null).Max();

  if (min != null && max != null) //←実際には片方のチェックだけでよい
    WriteLine($"最小値, 最大値(LINQ-その1): {min}, {max}");
  else
    WriteLine("コレクションの内容がすべて null でした");
}

// LINQ(無駄のない書き方)
{
  int? min = numbers.Min();
  int? max = numbers.Max();

  if (min != null) // minがnullでないなら, maxもnullではない
    WriteLine($"最小値, 最大値(LINQ-その2): {min}, {max}");
  else
    WriteLine("コレクションの内容がすべて null でした");

  // これでもOKなのだが, さすがにわかりにくい
  // WriteLine("最小値, 最大値(LINQ-その2): "
  //         + $"{min?.ToString() ?? "(null)"}, "
  //         + $"{max?.ToString() ?? "(null)"}");
}
```

```
#if DEBUG
    Console.ReadKey();
#endif
  }
}
```

Chapter 3 文字列の処理

　文字列を処理するとき，ループを書くことが多いでしょう．ということは，ここでも LINQ の出番です．この章では，文字列処理を LINQ で書く例を紹介しながら，LINQ への理解を深めていきます．章の終わりには独自の「`Where`」拡張メソッドまで作りますので，気を抜かずに読み進んでいってください．この章でも，コンソールプログラムを作ります[*12]．

3.1 準備

　この章では，コレクションに格納されている文字列をすべて表示するコードを何度も書くことになります．先にそのようなメソッドを作っておきましょう．
　「`WriteStrings`」メソッドは，コレクションと文字列を受け取り，コンソールにその文字列とコレクションの内容を表示します（→ リスト 3.1）．

リスト3.1 コレクション内の文字列をすべて表示するメソッド

```
using static System.Console; // 冒頭に追加

……（省略）……

private static void WriteStrings(IEnumerable<string> strings,
                                 string header)
{
  IEnumerable<string> quoted = strings.Select(s => $"¥"{s}¥""); // ※A
```

[*12] Visual Studio 2015 をインストールしてコンソールプログラム用のプロジェクトを作るまでの手順は，付録をご覧ください．

```
    string connected = string.Join(", ", quoted);

    WriteLine ($"{header}: {connected}");
}
```

ここで「※A」とコメントした行に「**Select**」というメソッドが登場しています．これも LINQ 拡張メソッドの1つで，「**ラムダ式として与えた処理で新しいオブジェクトを作り，それを新しいコレクションに追加する**」という意味合いになります（SQLで主にレコードから取り出すカラムを指定するのに使う SELECT 句とはずいぶん違います（p.31 のコラム参照））．「※A」のところでは，「与えられた文字列コレクションの個々の文字列の前後に『"』(ダブルクォート）を付けて，新しいコレクションを作る」という意味になります．

その次の行には Join メソッドが出てきますが，これは LINQ 拡張メソッドではありません．これは String クラスのメソッドで，与えられた文字列のコレクションを，与えられた文字列（ここでは", "）を挟んで結合してくれます．

従来の書き方では，次のリスト3.2のようになります．見比べると，上の「※A」でやっていることがわかるでしょう．

リスト3.2 コレクション内の文字列をすべて表示するメソッド（従来の書き方）

```
private static void WriteStrings_oldstyle(IEnumerable<string> strings,
                                          string header)
{
  List<string> quoted = new List<string>();
  foreach (var s in strings)
    quoted.Add(string.Format("\"{0}\"", s));
  string connected = string.Join(", ", quoted);

  Console.WriteLine("{0}:{1}", header, connected);
}
```

なお，この従来の書き方では「quoted」変数として作った新しいコレクションの分だけ余計にメモリを消費します（LINQ を使ったリスト3.1の「※A」の部分では，第2.5節で紹介した LINQ マジックが働いて，余計なメモリをほとんど消費しません）．

上で作成した「**WriteStrings**」メソッドは，次からは説明しないで使います．

3.7 文字数をカウントする

　文字列に含まれている文字の数をカウントするには，どうしますか？「そんなこと，Length プロパティを見るだけだ」　そのとおりです．では，特定の文字だけ，たとえばアルファベットの大文字だけをカウントするには，どうしたら良いでしょう？

　従来の書き方では，次のリスト 3.3 のようになるでしょう．

リスト3.3　アルファベットの大文字だけをカウントする（従来の書き方）

```
string s = "LINQ Magic";

int count = 0;
foreach (var c in s.ToCharArray())
  if (char.IsUpper(c))
    count++;
WriteLine($"大文字の数（従来の書き方）: {count}");
//【出力】
// 大文字の数（従来の書き方）: 5
```

　ここで，string オブジェクトの ToCharArray メソッドは，文字列を 1 文字ずつに分解して char 型の配列に変換してくれます．そこから foreach 構文で順に 1 文字ずつ取り出して，大文字だったら「count」変数をインクリメントしています．

　これを LINQ で書くには，第 2.3.2 項でやったように Where 拡張メソッドで大文字だけを取り出し，その数をカウントすればいいですね．LINQ 拡張には，コレクションの要素の数をカウントするための **Count 拡張メソッド**があります．すると，次のリスト 3.4 のように書けます[13]．

リスト3.4　アルファベットの大文字だけをカウントする（LINQ-その1）

```
string s = "LINQ Magic";

int count = s.Where(c => char.IsUpper(c)).Count();
WriteLine($"大文字の数（LINQ-その1）: {count}");
//【出力】
```

---

[13] foreach 文を Where 拡張メソッドのラムダ式に書き換える考え方は，ここではもう説明しません．このコードに出てくる Where 拡張メソッドの引数の意味がわからないときは，第 2.3.2 項をもう一度お読みください．

```
// 大文字の数（LINQ-その1）: 5
```

　ここでstring型変数「s」に対して，直接Where拡張メソッドを呼び出していますが，これは.NET Framework 3.5以降のstringクラスがIEnumerable<char>インターフェイスを実装しているので可能になっています（ですから，実は従来の書き方でも.NET Framework 3.5以降ならば，ToCharArrayメソッドの呼び出しは不要です）．

　これでLINQを使って結果は得られるようになりましたが，第2.6節に記したようなことがあるかもしれません．Count拡張メソッドについて，MSDNドキュメントを調べたり（「Count」にキー入力カーソルを置いて F1 キー），Visual Studioでメソッドの定義を調べてみてください（「Count」にカーソルを置いて F12 キーを押下（→図3.1））．

図3.1 Count拡張メソッドの定義をVisual Studioで確認する

```
public static bool Contains<TSource>(this IEnumerable<TSource>
  source, TSource value, IEqualityComparer<TSource> comparer);
public static int Count<TSource>(this IEnumerable<TSource> source);
public static int Count<TSource>(this IEnumerable<TSource> source,
  Func<TSource, bool> predicate);
public static IEnumerable<TSource> DefaultIfEmpty<TSource>(this
```

　Count拡張メソッドには，2つのオーバーロードがあって，2つ目の引数を取るものもあるとわかります．1つ目の引数「this IEnumerable<TSource> source」というのは，Count拡張メソッドを記述したときのすぐ左側にあるオブジェクトです（リスト3.4ではWhere拡張メソッド返り値）．2つ目の引数の「Func<TSource, bool> predicate」というのは，とりあえずラムダ式のことだと思ってください[*14]．Count拡張メソッドも，引数にラムダ式を渡せるのです．ここまでわかれば，Where拡張メソッドと同じラムダ式をCount拡張メソッドの引数に与えてもよいのでは，というアイデアが浮かぶでしょう．MSDNドキュメントをひも解いてもよいのですが，とりあえず試してみましょう（→リスト3.5）．

[*14] 正確にはデリゲート（→第2部 第3.2節）です．デリゲートを与えるべきところにラムダ式を書くと，C#コンパイラーはラムダ式をデリゲートとしてコンパイルしてくれます．

3.3 CSVファイルから必要なデータだけを取り出す

リスト3.5 アルファベットの大文字だけをカウントする（LINQ-その2）

```
string s = "LINQ Magic";

int count = s.Count(c => char.IsUpper(c));
WriteLine($"大文字の数（LINQ-その2）：{count}");
//【出力】
// 大文字の数（LINQ-その2）：5
```

　これを試してみると，ちゃんと想定どおりに動きます．Where 拡張メソッドを使わずに，Count 拡張メソッドに大文字を判定するラムダ式を与えてもよいのです．

　このように，LINQ 拡張メソッドの中には，処理をする条件を引数に与えられるものがあります．これには，Count 拡張メソッドのほかに，First 拡張メソッド / Last 拡張メソッドなどがあります．また，処理をする前に，引数に与えたラムダ式でデータを加工できるものもあります．Average 拡張メソッド / Sum 拡張メソッドなどがそうです．

3.3 CSVファイルから必要なデータだけを取り出す

　1つの文字列を分解する処理もよくあります．たとえば，CSV ファイルから読み込んだ1行を，カンマを区切りとして複数の文字列に分解したりします．分解した個々のデータの中にカンマが含まれていない場合は，String クラスの Split メソッドを使えば分解できます．

　さて，分解した個々のデータのうちで必要なのは一部だけだ，という場合も多いでしょう．たとえば，カンマで区切られた 100 個のデータがあるけど，必要なのは1番目と3番目だけだ，というような場合です．そして，必要なデータだけを後続の処理のためにコレクションに保持しておきたいとします．

　従来の書き方では，for ループを使って次のリスト 3.6 のように書けます．簡単にするために，奇数番目のデータを取り出すものとしています．

リスト3.6 カンマ区切りの文字列から必要なデータだけを取り出す（従来の書き方）

```
string s = "1番目,2番目,3番目,4番目,5番目";

// カンマで分解する
```

```
string[] splitted = s.Split(',');

// 空のコレクションを用意する
List<string> selected = new List<string>();

// 必要なデータを選び出してコレクションに追加する
for (int n = 0; n < splitted.Length; n++)
{
  string w = splitted[n];
  if (n % 2 == 0)
    selected.Add(w);
}
WriteStrings(selected, "奇数番目だけを取り出す（従来の書き方）");
//【出力】
// 奇数番目だけを取り出す（従来の書き方）: "1番目", "3番目", "5番目"
```

　このコードでは，ループを回すのに foreach 文ではなく for 文を使っています．「何番目のものを取り出すか？」という判定をループの中でしなければなりませんから，for 文が適切です．そして，for ループの中では，コレクションの n 番目の要素を変数「w」に取り出し，条件を満たしていれば変数「w」を新しいコレクションに追加しています．

　これを LINQ で書けるでしょうか？　コレクションから条件に合うものだけを抜き出すために，これまでは Where 拡張メソッドを使ってきました．Where 拡張メソッドで「何番目のものを取り出すか？」という判定ができるのでしょうか？

　答は YES です．Where 拡張メソッドのオーバーロードには，ラムダ式への入力を 2 つ持つものがあって，その 2 つ目というのはコレクションのインデックス（0 始まりの番号）なのです．それを使えば，次のリスト 3.7 のように書けます．

リスト3.7　カンマ区切りの文字列から必要なデータだけを取り出す（LINQ）

```
string s = "1番目,2番目,3番目,4番目,5番目";

var selected
  = s.Split(',')                  // カンマで分解し，
    .Where((w, n) => n % 2 == 0); // 奇数番目を取り出す
```

```
WriteStrings(selected, "奇数番目だけを取り出す (LINQ) ");
//【出力】
// 奇数番目だけを取り出す (LINQ) : "1番目", "3番目", "5番目"
```

この Where 拡張メソッドの登場する変数「w」と「n」は，リスト 3.6 の従来の書き方に登場するものと同じです．入力を 2 つ持つ Where 拡張メソッドのラムダ式は，図 3.2 のように考えることができます．

図3.2 forループからWhereメソッド用のラムダ式へ

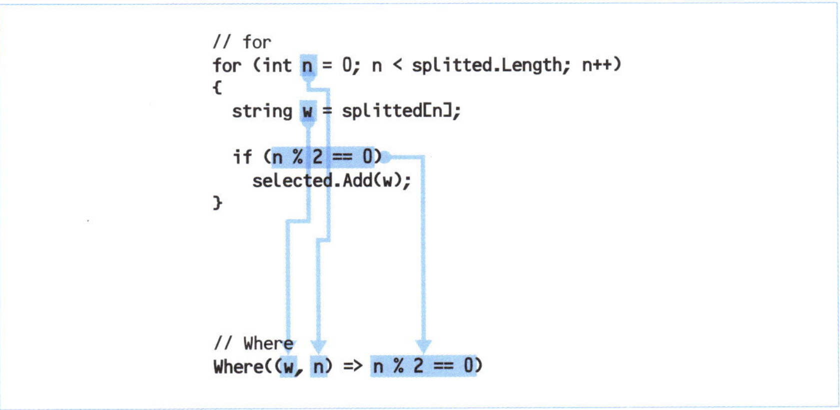

```
// for
for (int n = 0; n < splitted.Length; n++)
{
  string w = splitted[n];

  if (n % 2 == 0)
    selected.Add(w);
}




// Where
Where((w, n) => n % 2 == 0)
```

このように，LINQ では「**コレクションの何番目では○○という処理をする**」といったことができます．Where 拡張メソッドと似たような機能を持つものとして，First 拡張メソッド（先頭の要素を取得する）／ Last 拡張メソッド（末尾の要素を取得する）／ Skip 拡張メソッド（指定個数だけ要素を飛ばす）／ Take 拡張メソッド（指定個数だけ要素を取得する）などがあります．

3.4 文字列コレクションを検索する

文字列のコレクションから特定の文字列を検索して取り出す処理を考えてみましょう．この節では，条件が 1 つだけのシンプルな場合と，複数の条件で AND 検索する場合を取り上げます．

3.4.1 単純な検索

検索に使う条件式として,ここでは正規表現を使いましょう[*15].正規表現を使うと,文字列の検索条件を柔軟に指定できます.正規表現を表すには,System.Text.RegularExpressions 名前空間の Regex クラスを使います.たとえば,文字列のどこかに「ぶた」という文字の並びが含まれているという正規表現は,次のリスト 3.8 のように書きます.

リスト3.8 「ぶた」という文字列を含んでいる文字列を表す正規表現オブジェクト

```
var regex = new Regex("ぶた", RegexOptions.Compiled);
```

この例は簡単すぎて,検索には String クラスの Contains メソッドを使えば済んでしまいます.ここはあくまでもサンプルとして考えてください.正規表現を用いると,実際にはもっと複雑な検索がいろいろできるのです[*16].

上のコードでは,Regex オブジェクトを作る際に,コンストラクターに 2 番目の引数を渡しています.この「RegexOptions.Compiled」という引数は,正規表現をコンパイルしてメモリ上に保持しておくという意味です.コード内でこの正規表現オブジェクト「regex」を何回も使うときには,処理速度の向上に寄与します.逆に,1 回しか利用しないのであれば,正規表現をコンパイルする時間だけ処理が長くなります.

では,文字列のコレクションの中から,「ぶた」という文字の並びを持っているものだけを検索してみましょう.

従来の書き方では,次のリスト 3.9 のように書けます.

リスト3.9 文字列コレクションから「ぶた」を含む文字列を検索(従来の書き方)

```
// 冒頭に using System.Text.RegularExpressions; が必要

// サンプルデータ(文字列の配列)
string[] sampleData = { "ぶた", "こぶた", "ぶたまん",
                        "ねぶたまつり", "ねぷたまつり",
                        "きつね", "ねこ", };
```

[*15] C# で利用できる正規表現については,MSDN の「.NET Framework の正規表現」をご覧ください.本書執筆時点での URL は以下のとおりです.
https://msdn.microsoft.com/ja-jp/library/hs600312.aspx

[*16] たとえば,本章のサンプルコードの文字列コレクションに対して正規表現「ぶた[^ん]+$」で検索すると,「ねぶたまつり」だけがヒットします.この正規表現は「文字列中に『ぶた』という文字の並びがあり,その後ろに『ん』以外の文字が 1 つ以上続いているもの」という意味です.

```
// 正規表現オブジェクト
var regex = new Regex("ぶた", RegexOptions.Compiled);

// 検索する
List<string> results = new List<string>();
foreach (var s in sampleData)
{
  if (regex.IsMatch(s))
    results.Add(s);
}
WriteStrings(results, "従来の書き方");
//【出力】
// 従来の書き方: "ぶた", "こぶた", "ぶたまん", "ねぶたまつり"
```

検索対象の文字列コレクション「sampleData」から，foreach ループで1つずつ取り出しては，正規表現オブジェクトの IsMatch メソッドでマッチしているかどうか検査し，それを結果のコレクション「results」に追加しています．

これを LINQ で書くには，Where 拡張メソッドを使えばよいですね（→ リスト 3.10）．

リスト3.10 文字列コレクションから「ぶた」を含む文字列を検索（LINQ）

```
// 冒頭に using System.Text.RegularExpressions; が必要

// サンプルデータ（文字列の配列）
string[] sampleData = { "ぶた", "こぶた", "ぶたまん",
                        "ねぶたまつり", "ねぷたまつり",
                        "きつね", "ねこ", };

// 正規表現オブジェクト
var regex = new Regex("ぶた", RegexOptions.Compiled);

// 検索する
var results = sampleData.Where(s => regex.IsMatch(s));
WriteStrings(results, "LINQ");
//【出力】
// LINQ: "ぶた", "こぶた", "ぶたまん", "ねぶたまつり"
```

この Where 拡張メソッドの使い方は，もはや説明の必要はないはずです．

3.4.7 AND検索

では，AND検索はどうでしょう？ たとえば，「『ぶた』を含み，かつ，『たま』を含む」というような場合です．AND条件の数があらかじめ決まっているなら，条件式の部分を次のリスト3.11のように書き換えるだけです．

リスト3.11 AND条件の数が決まっているとき

```csharp
// 正規表現オブジェクト
var regex1 = new Regex("ぶた", RegexOptions.Compiled);
var regex2 = new Regex("たま", RegexOptions.Compiled);

// 判定式の部分
…… regex1.IsMatch(s) && regex2.IsMatch(s) ……
```

事前にAND条件の数がわからないときは，どうしましょう？ たとえば，エンドユーザーからの入力に基づいて検索するようなときです．

AND条件での検索は，1つ目の条件で絞り込んだ結果に対して，さらに2つ目の条件で絞り込みをかけても同じことになります．そこで，従来の書き方では，次のリスト3.12のようにできます．

リスト3.12 AND条件の数が不定のとき（従来の書き方-1）

```csharp
// 冒頭に using System.Text.RegularExpressions; が必要

// サンプルデータ（文字列の配列）
……（省略．前項と同じ）……

// 正規表現オブジェクトのコレクション
var regexList = new List<Regex>()
{
  new Regex("ぶた", RegexOptions.Compiled),
  new Regex("たま", RegexOptions.Compiled),
};

// 検索する
List<string> results = new List<string>();
foreach (var s in sampleData)
{
```

```
  bool allMatch = true;
  foreach (var r in regexList)
  {
    if (!r.IsMatch(s))
    {
      allMatch = false;
      break;
    }
  }
  if (allMatch)
    results.Add(s);
}
WriteStrings(results, "AND検索 - 従来の書き方-1");
//【出力】
// AND検索 - 従来の書き方-1: "ぶたまん", "ねぶたまつり"
```

　ちょっとごちゃついています．内側の foreach ループに入る前に「allMatch」フラグを立てておいて，ループ内では条件に合わなかったときにフラグを倒してループから抜けるようにしています．そして内側の foreach ループから抜けてきたときにフラグが倒されていなかったら，すべての条件にマッチした（＝AND 条件にマッチした）ということなので，結果のコレクションに追加しています．

　上のリスト 3.12 は，内側と外側のループを入れ替えると，読みやすくなります（→ リスト 3.13）．その代わり，中間結果を保持するためのコレクション「work」変数をループごとに生成するので，検索条件が多いときは頻繁にガベージコレクションを引き起こすことになります．

リスト3.13 AND条件の数が不定のとき（従来の書き方-2——あまり良くない）

```
// 冒頭に using System.Text.RegularExpressions; が必要

// サンプルデータ（文字列の配列）
……（省略．前項と同じ）……

// 正規表現オブジェクトのコレクション
……（省略．前と同じ）……

// 検索する
```

```
IEnumerable<string> results = sampleData;
foreach (var r in regexList)
{
  List<string> work = new List<string>(); // ループするごとに生成
  foreach (var s in results)
    if (r.IsMatch(s))
      work.Add(s);
  results = work;
}
WriteStrings(results, "AND検索 - 従来の書き方-2");
//【出力】
// AND検索 - 従来の書き方-2: "ぶたまん", "ねぶたまつり"
```

中間結果を保持するためのコレクション「work」変数を使う上のコードは，メモリ効率の点ではあまりよろしくありません．しかし，LINQならば，第2.5節で示したように，中間結果を保持するコレクションを作ってもメモリを浪費しないというマジックが使えます．

したがって，LINQでは次のリスト3.14のように中間結果のコレクションを保持するコードでよいのです．

リスト3.14 AND条件の数が不定のとき（LINQ-その1）

```
// 冒頭に using System.Text.RegularExpressions; が必要

// サンプルデータ（文字列の配列）
……（省略．前項と同じ）……

// 正規表現オブジェクトのコレクション
……（省略．前と同じ）……

// 検索する
IEnumerable<string> work = sampleData;
foreach (var r in regexList)
  work = work.Where(s => r.IsMatch(s));
WriteStrings(work, "AND検索 - LINQ");
//【出力】
// AND検索 - LINQ: "ぶたまん", "ねぶたまつり"
```

このようにして，検索条件（「regexList」コレクション）でforeachループ

を回し，その中で前節でやったように LINQ で文字列検索を行えばよいのです．ループするごとに中間結果のコレクション「work」には，条件で絞り込まれた文字列だけが残されていくので，AND 検索をしたことになります．

ところで，上のコードはループごとに検索式を変えることも可能にしています．foreach ループの中で場合分けをして，実行する Where 拡張メソッドを切り替えることも可能なのです．そのようなこともやればできるという汎用性を持たせてあります．

ここで「foreach ループの中で適用する検索式は固定である」という制限を加えれば，**foreach ループをなくす**ことができます．AND 検索とは「すべての条件を満たすものを取り出す」ということですが，それに対応する **All 拡張メソッド**が LINQ 拡張にあります．ただし，ラムダ式の中に LINQ 拡張メソッドが登場するという，少々難易度が高いコードになります（⮕ リスト 3.15）．

> **リスト3.15** AND条件の数が不定のとき（LINQ-その2──難易度高）
>
> ```
> // 冒頭に using System.Text.RegularExpressions; が必要
> 
> // サンプルデータ（文字列の配列）
> ……（省略．前項と同じ）……
> 
> // 正規表現オブジェクトのコレクション
> ……（省略．前と同じ）……
> 
> // 検索する
> var result = sampleData.Where(s => regexList.All(r => r.IsMatch(s)));
> WriteStrings(result, "AND検索 - LINQ（難易度高）");
> //【出力】
> // AND検索 - LINQ（難易度高）: "ぶたまん", "ねぶたまつり"
> ```

ラムダ式中に登場する変数「s」は，文字列コレクションから取り出した文字列，「r」は，正規表現オブジェクトのコレクションから取り出した正規表現オブジェクトです．ここの All 拡張メソッドは，すべての正規表現オブジェクトに対して文字列「s」がマッチしたときだけ true を返します．そして，そのときだけ Where 拡張メソッドがその文字列「s」を取り出すことになります．

3.4.5 OR 検索

AND 検索ができたら，次は OR 検索ですね．たとえば，「『ぶた』を含むか，

または，『**たま**』を含む」というような場合です．AND 検索のところでの議論は繰り返す必要もないでしょうから，OR 条件の数が不定の場合だけを考えます．

OR 検索とは条件のどれかにマッチすればよいのですから，従来の書き方ではリスト 3.16 のようになります．

リスト3.16　OR条件の数が不定のとき（従来の書き方）

```
// 冒頭に using System.Text.RegularExpressions; が必要

// サンプルデータ（文字列の配列）
……（省略．前項と同じ）……

// 正規表現オブジェクトのコレクション
……（省略．前と同じ）……

// 検索する
List<string> results = new List<string>();
foreach (var s in sampleData)
{
  foreach (var r in regexList)
  {
    if (r.IsMatch(s))
    {
      results.Add(s);
      break;
    }
  }
}
WriteStrings(results, "OR検索 - 従来の書き方");
//【出力】
// OR検索 - 従来の書き方: "ぶた", "こぶた", "ぶたまん", "ねぶたまつり",
// "ねぶたまつり"
```

内側の foreach ループでは，正規表現オブジェクトのコレクションから順に正規表現オブジェクトを取り出して文字列とマッチするか検査していき，マッチしたところで結果のコレクションに加えるとともに検査を打ち切って内側の foreach ループから抜けています．OR 検索では，このように最後まで条件判定

を続けなくてよいのです（ショートサーキット[*17]）.

　これをLINQで書くとき，ループごとに検索式を変えることを可能にしようと思うと，ショートサーキットするのは難しくなります．ここでは，「OR検索とは，それぞれの検索結果をマージしたもの」という性質を使って書いてみます（● リスト 3.17）．

リスト3.17 OR条件の数が不定のとき（LINQ-その1）

```
// 冒頭に using System.Text.RegularExpressions; が必要

// サンプルデータ（文字列の配列）
…… （省略．前項と同じ）……

// 正規表現オブジェクトのコレクション
…… （省略．前と同じ）……

// 検索する
IEnumerable<string> work = new List<string>();
foreach (var r in regexList)
  work = work.Union(sampleData.Where(s => r.IsMatch(s)));
WriteStrings(work, "OR検索 - LINQ-その1");
//【出力】
// OR検索 - LINQ-その1: "ぶた", "こぶた", "ぶたまん", "ねぶたまつり",
// "ねぷたまつり"
```

　最初に空のコレクション「work」を用意しておきます．ループの中では，見つかった文字列のコレクションを，**Union 拡張メソッド**を使って「work」コレクションにマージしていきます（Union 拡張メソッドは，その左側のコレクションと引数に与えられたコレクションをマージして新しいコレクションとして返します）．これで OR 検索したことになるのですが，ショートサーキットにはならないこと，また，並び順が保証されないことに注意してください（リスト 3.17 の例では偶然に同じ並び順になっています）．

　それでは前節と同様に，「foreach ループの中で適用する検索式は固定である」という制限を加えましょう．すると，**Any 拡張メソッド**で OR 検索を表現できます（● 次ページリスト 3.18）．

[*17] これを「short-circuit evaluation」（短絡評価），あるいは略して「ショートサーキット」といいます．AND 検索の場合は，条件に合わないものが見つかった時点で検査を打ち切ります．前節の AND 検索のコードはいずれもショートサーキットするようになっています．

リスト3.18 OR条件の数が不定のとき（LINQ-その2──難易度高）

```
// 冒頭に using System.Text.RegularExpressions; が必要

// サンプルデータ（文字列の配列）
…… (省略. 前項と同じ) ……

// 正規表現オブジェクトのコレクション
…… (省略. 前と同じ) ……

// 検索する
var result = sampleData.Where(s => regexList.Any(r => r.IsMatch(s)));
WriteStrings(result, "OR検索 - LINQ（難易度高）");
//【出力】
// OR検索 - LINQ（難易度高）: "ぶた", "こぶた", "ぶたまん",
// "ねぶたまつり", "ねぶたまつり"
```

　ここの Any 拡張メソッドは，いずれかの正規表現オブジェクト「r」に対して文字列「s」がマッチすると true を返します（ショートサーキット）．

Column 正規表現はプログラマーのたしなみ

　この章では正規表現を使いました．「正規表現なんて初めて知った」という読者もいらっしゃることでしょう．ぜひ学んでみてください．

　正規表現をマスターすると，文字列の処理が簡潔に書けるようになります．そのため，文字列処理が多い Web サーバーサイドのプログラミングでは，あたりまえのスキルとして使われています．また，検索/置換に正規表現が使えるテキストエディターも多くあります．Visual Studio の検索でも，正規表現が使えます．

　正規表現を実装した最初のテキストエディターは，1960 年代に作られた UNIX 用の「QED」だといわれています．「QED」以後も，UNIX 系の文字を扱うツールではあたりまえのように実装されました．もう半世紀以上も使われてきた技術なのです．そして，.NET Framework でも，その最初から正規表現はサポートされています．

　正規表現の書籍もたくさん出版されています．試しに Amazon などで検索してみてください．

　半世紀を超えていまなお大勢の開発者が使っている正規表現．これを学んでおくことはプログラマーのたしなみだといえるでしょう．

3.5 文字列を反転する

難しいコードが続きました．ここでちょっと一息入れるために，簡単なコードを試してみましょう．

実際のプログラミングではあまりお目にかかりませんが，文字列の並びを反転させるプログラムを考えてみます．つまり，「あいうえお」を「おえういあ」に変換するのです．

従来の書き方では，次のリスト 3.19 のようになります．

リスト3.19 文字列を反転する（従来の書き方）

```
// 元の文字列
string original = "あいうえお";

// 文字列を反転させる
char[] chars = original.ToCharArray();
Array.Reverse(chars);
string reverse = new string(chars);

WriteLine($"反転した文字列（従来の書き方）：{reverse}");
//【出力】
// 反転した文字列（従来の書き方）：おえういあ
```

まず，文字列オブジェクトの ToCharArray メソッドを使って，文字列を char 型の配列に変換しています．配列は，Array クラスの Reverse メソッドで順序を反転できます．この順序を反転させた char 型の配列「chars」を，新しく文字列を作るときの引数として渡してやれば，反転させた文字列のできあがりです．

これを LINQ で書き直します（→リスト 3.20）．反転させるには LINQ の **Reverse 拡張メソッド**が使えます（Reverse 拡張メソッドは，その左側のコレクションの並び順を反転させます）．リスト 3.19 で使った Array クラスの Reverse メソッドとは別物です．

リスト3.20 文字列を反転する（LINQ-その1）

```
// 元の文字列
string original = "あいうえお";
```

```
// 文字列を反転させる
string reverse = new string(original.Reverse().ToArray());
WriteLine($"反転した文字列（LINQ-その1）：{reverse}");
//【出力】
// 反転した文字列（LINQ-その1）：おえういあ
```

　LINQのReverse拡張メソッドの返り値はIEnumerable<char>型です．Stringクラスのコンストラクターに渡せるのは，char型の配列です．そのため，このコードではToArray拡張メソッドを使ってchar型の配列に変換しています．

　LINQを使って1行で書けましたが，「new string(……」という書き方はLINQらしくありません．LINQならば，メソッドチェーンを左から右へとたどっていって答が出てきてほしいのです．

　それには，LINQのReverse拡張メソッドの返り値（IEnumerable<char>型）を受け取り，文字列を作り，それを返してくれるような拡張メソッドがあればよいのです．

　拡張メソッドを書くには，次のようなルールがあります（→第2部第1章）．

- **static**なクラスを作り，その中に書く
- **static**メソッドにする
- メソッドの最初の引数には**this**修飾子を手前に置く

　IEnumerable<char>型を受け取って文字列にして返す拡張メソッドは，次のリスト3.21のようになります（上記の3つの条件の部分を太字にしてあります）．

リスト3.21 IEnumerable<char>型を文字列に変換する拡張メソッド

```
public static class StringExtensions
{
  // 拡張メソッド
  public static string JoinIntoString(this IEnumerable<char> chars)
  {
    return new string(chars.ToArray());
  }
}
```

　拡張メソッドを置くstaticなクラスの名前は，何でもかまいません．多くはクラス名の末尾には「Extensions」を付けます．

拡張メソッドを書くファイルや名前空間については，実際の開発では慎重に決定して管理する必要があります．むやみに拡張メソッドを増やすと，混乱するからです．しかしここでは，サンプルコードなので，「Program.cs」ファイルに追加してしまいましょう．名前空間も同じでかまいません[*18]．
　この「JoinIntoString」拡張メソッドを使って先の文字列を反転するコードを書き換えると，次のリスト3.22のようになります．

リスト3.22　文字列を反転する（LINQ-その2）

```
// 元の文字列
string original = "あいうえお";

// 文字列を反転させる
string reverse = original.Reverse().JoinIntoString();
WriteLine($"反転した文字列（LINQ-その2）：{reverse}");
//【出力】
// 反転した文字列（LINQ-その2）：おえういあ
```

　メソッドチェーンだけですっきり書けるようになりました．

文字列コレクションで複雑な検索をする

　さて，もう少し複雑な文字列の検索を考えてみましょう．
　ただし，複雑な検索といっても，AND / OR が入り混じったようなものは難しすぎるので扱いません（構文解析を行う必要があるので）．ここでは AND 検索に限定して，否定条件を与えられるように拡張してみましょう．
　条件の与え方としては，（第 3.4 節でやったような正規表現オブジェクトではなく）ただの文字列とします．そして，文字列の先頭が「!」だったら否定条件であるとします．つまり，検索語として「ぶた」と「!まつり」を与えると，「『ぶた』を含み，かつ，『まつり』を含まない」文字列を抜き出すようにするのです．
　そのような処理は，Where 拡張メソッドに渡すラムダ式を工夫すればできそうに思えます．ラムダ式の中身は後で考えることにして仮に「foo」メソッドとしておくと，一応は次ページリスト 3.23 のように書けるでしょう．

[*18] 拡張メソッドが別の名前空間にある場合は，using 句で名前空間を指定することが必須です．コンソールプログラムの中で LINQ 拡張メソッドを自由に使えるのは，「Program.cs」ファイルが自動生成されたときに System.Linq 名前空間の using 句も書き込まれているからです．

Chapter 3 文字列の処理

リスト3.23 否定条件も与えられるAND検索のコード（仮）

```
// サンプルデータ（文字列の配列）
string[] sampleData = { "ぶた", "こぶた", "ぶたまん",
                        "ねぶたまつり", "ねぷたまつり",
                        "きつね", "ねこ", };

// 検索語
string[] keywords = { "ぶた", "!まつり", };

// こんなふうにLINQで書きたい（ただし，ラムダ式にはこだわらない）
var results = sampleData.Where(s => foo(s, keywords));
// 【出力】
// "ぶた", "こぶた", "ぶたまん"
```

　実際，このようなコードで動きます（筆者はこのようなコードを見たこともあります）．しかし，動きはしますが，あまり効率が良くないのです．

　前置きが長くなりました．本節では，LINQで繰り返し呼び出されるラムダ式を書くときの落とし穴，つまり上のようなコードにはどんな問題があるのか，そして，その解決策はどのようなものかを説明します．

3.6.1 繰り返し呼び出されるラムダ式の落とし穴

　先の仮のものとして提示したリスト3.23のコードをそのまま実装してみましょう．リスト3.23で示した「foo」メソッドは，条件を表す文字列のコレクション「keywords」のすべてに対して（= AND 検索）与えられた文字列「s」が合致しているときにtrueを返すものです．メソッド名が「foo」ではなんだかわからないので，「IsAllMatch」としましょう．すると，次のリスト3.24のようになります．

リスト3.24 ラムダ式の中で条件判定に使うためのメソッド

```
private static bool IsAllMatch(string s, IEnumerable<string> keywords)
// 引数「s」：検索対象の文字列コレクションの1要素
// 引数「keywords」：検索条件を表す文字列のコレクション
{
  foreach (var k in keywords)
  {
```

```
    if (k.StartsWith("!")) // 検索条件の先頭が「!」のときは否定条件
    {
      var word = k.Substring(1); // 先頭の「!」を除いた文字列
      var r = new Regex(word);
      WriteLine($"new Regex(¥"{word}¥")"); // 問題確認用の出力
      if (r.IsMatch(s))  // 否定条件なので，1つでもマッチしたらfalseに確定
        return false;
    }
    else // 検索条件の先頭に「!」が付いていなければ肯定条件
    {
      var r = new Regex(k);
      WriteLine($"new Regex(¥"{k}¥")"); // 問題確認用の出力
      if (!r.IsMatch(s))  // 肯定条件なので，1つでもマッチしなかったら
                                                       ➡falseに確定
        return false;
    }
  }
  return true;
}
```

　このコードの中で最もコストがかかる（＝処理時間がかかる）のは，おそらく Regex オブジェクトを生成する部分でしょう．そこで，Regex オブジェクトを生成したときにはコンソールにそのことを表示するようにしてあります．
　この IsAllMatch メソッドを使うと，実際の検索は次のリスト 3.25 のように書けます．

> **リスト3.25** IsAllMatchメソッドを使って検索を実装した

```
// サンプルデータ（文字列の配列）
string[] sampleData = { "ぶた", "こぶた", "ぶたまん",
                        "ねぶたまつり", "ねぷたまつり",
                        "きつね", "ねこ", };

// 検索語
string[] keywords = { "ぶた", "!まつり", };

// 検索する
var results = sampleData.Where(s => IsAllMatch(s, keywords));
WriteStrings(results, "LINQ-その1");
```

これを実行してみると正しい結果が得られます．「`IsAllMatch`」メソッドを使っているこのコードの見掛けも，おかしいものには見えませんね．ところが，Regex オブジェクトの生成回数に注目すると，驚くことになります．次の実際の出力をご覧ください．

```
リスト3.25の出力
new Regex("ぶた")
new Regex("まつり")
new Regex("ぶた")
new Regex("まつり")
new Regex("ぶた")
new Regex("まつり")
new Regex("ぶた")
new Regex("まつり")
new Regex("ぶた")
new Regex("ぶた")
new Regex("ぶた")
LINQ-その1: "ぶた", "こぶた", "ぶたまん"
```

Regex オブジェクトは，「ぶた」と「まつり」をそれぞれ1つずつ作るだけでよいはずですが，ご覧のとおり大量に作っています．検索対象の文字列が増えれば，もっと膨大な回数となり，パフォーマンスに重大な影響を及ぼすでしょう．

条件判定用のメソッドを作ってそれを Where 拡張メソッドの中などで使うというやり方は，けして間違いではないのですが，うっかりするとこのような落とし穴にはまってしまうのです．もちろん，パフォーマンスの問題が出なければ，これでもかまいません．

3.6.7 拡張メソッドを作って問題を解決する

前節の問題はなぜ起きたのでしょう？ それは，二重ループの内側で Regex オブジェクトを生成していたからです．Where 拡張メソッド自体がループを回し，そのループの中で IsAllMatch メソッドを呼び出し，そして IsAllMatch メソッドの中にもループがありますから，二重ループになっているのです．

これを解決するには，二重ループの内側と外側を入れ替えて，外側のループで Regex オブジェクトを生成すればよいのです．ここでは，独自の Where 拡張メ

ソッドを作って解決してみましょう[*19]（→第2部 第1章）．その名前は「MyWhere」拡張メソッドとします．

「MyWhere」拡張メソッドは，メソッドチェーンの前段からの入力としてWhere拡張メソッドと同じく検索対象の文字列のコレクションを受け取るだけでなく，引数として検索条件の文字列コレクションを受け取るようにします．これで，検索条件で外側のforeachループを回し，そのループ内で検索対象の文字列のコレクションをLINQで絞り込んでいくようにします（LINQで絞り込む処理が内側のループになります）．外側のループごとに絞り込んでいけば，AND検索になるわけです．この「MyWhere」拡張メソッドは，次のリスト3.26のように書けます[*20]．

リスト3.26「MyWhere」拡張メソッド

```
public static class StringExtensions
{
  // 拡張メソッド
  public static IEnumerable<string> MyWhere(
                                     this IEnumerable<string> wordList,
                                     IEnumerable<string> keywords)
  // 引数「wordList」：検索対象の文字列コレクション
  // 引数「keywords」：検索条件を表す文字列のコレクション
  {
    IEnumerable<string> results = wordList;
    foreach (var k in keywords) // 外側のループ
    {
      if (k.StartsWith("!"))// 検索条件の先頭が「!」のときは否定条件
      {
        var word = k.Substring(1); // 先頭の「!」を除いた文字列
        var r = new Regex(word);
        WriteLine($"new Regex(¥"{word}¥")"); // 問題確認用の出力
        results = results.Where(s => !r.IsMatch(s));
        // 上の行のWhere拡張メソッドが内側のループ
      }
      else // 検索条件の先頭に「!」が付いていなければ肯定条件
      {
```

[*19] 本節の冒頭を読まれて，「否定条件なら正規表現の中に書けばいいじゃないか」と気付かれた読者の方もいらっしゃるかと思います．これは，もうおわかりでしょうが，ここで拡張メソッドを作る話に持ってくるためです．
[*20] 実際には，第3.4.2項の「リスト3.14：AND条件の数が不定のとき（LINQ・その1）」のような実装をしているとき，foreachループの中で条件によって分岐して異なるLINQ式を呼び出すような形になることがあります．それを括り出すリファクタリングを行うと，ここで示すような拡張メソッドの形になります．

```
            var r = new Regex(k);
            WriteLine($"new Regex(¥"{k}¥")"); // 問題確認用の出力
            results = results.Where(s => r.IsMatch(s));
            // 上の行のWhere拡張メソッドが内側のループ
        }
    }
    return results;
  }
}
```

　前節でラムダ式の中に置いて条件判定に使った `IsAllMatch` メソッドと比較してみてください．構造はほとんど同じです．大きく異なるのは，`IsAllMatch` メソッドの途中で真偽値を返していた部分が，コレクションを絞り込むコードに変わっているところです（太字の部分）．
　この「`MyWhere`」拡張メソッドを使って検索を実行するコードは，次のリスト3.27のようになります．

リスト3.27 「MyWhere」拡張メソッドを使って検索を実装した

```
// サンプルデータ（文字列の配列）
string[] sampleData = { "ぶた", "こぶた", "ぶたまん",
                        "ねぶたまつり", "ねぷたまつり",
                        "きつね", "ねこ", };

// 検索語
string[] keywords = { "ぶた", "!まつり", };

// 検索する
var results = sampleData.MyWhere(keywords);
WriteStrings(results, "LINQ-その2");
// 【出力】
// new Regex("ぶた")
// new Regex("まつり")
// LINQ-その2: "ぶた", "こぶた", "ぶたまん"
```

　今度は出力結果も一緒に掲載しました．「**ぶた**」と「**まつり**」で，それぞれ1回ずつしか `Regex` オブジェクトを生成していません．うまくいきました．
　なお，ここで作った拡張メソッドは，さらにメソッドチェーンでつなげられ

ます（→リスト 3.28）．これは，返り値を IEnumerable<string> インターフェイス型にしているからです．

> **リスト3.28** 「MyWhere」拡張メソッドは，さらにメソッドチェーンできる

```
// サンプルデータ（文字列の配列）
……（省略）……

// 検索語
……（省略）……

// 検索する
var results = sampleData.MyWhere(keywords).Where(s => s != "ぶた");
WriteStrings(results, "LINQ-その3");
//【出力】
// new Regex("ぶた")
// new Regex("まつり")
// LINQ-その3: "こぶた", "ぶたまん"
```

3.7 「文字列の処理」のコード

　本章で使ったソースコードを紹介しておきます．Visual Studio 2015 で作成しています[21]．

　作成したプロジェクトのうち，「Program.cs」ファイルだけを編集します．コードを編集するには，ソリューションエクスプローラーで［Program.cs］を選択します．以下，「Program.cs」ファイルの内容を掲載します．

> **リスト3.29** 「3.1：準備」

```
using System;
using System.Collections.Generic;
using System.Linq;
using static System.Console;   // C# 6 の機能

class Program
{
```

[21] Visual Studio 2015 をインストールしてコンソールプログラム用のプロジェクトを作るまでの手順は，付録をご覧ください．

```csharp
// コレクション内のすべての文字列を表示するメソッド
private static void WriteStrings(IEnumerable<string> strings,
                                 string header)
{
  IEnumerable<string> quoted = strings.Select(s => $"\"{s}\"");
  string connected = string.Join(", ", quoted);

  WriteLine($"{header}: {connected}");
}

// コレクション内のすべての文字列を表示するメソッド(従来の書き方)
private static void WriteStrings_oldstyle(IEnumerable<string> strings,
                                          string header)
{
  List<string> quoted = new List<string>();
  foreach (var s in strings)
    quoted.Add(string.Format("\"{0}\"", s));
  string connected = string.Join(", ", quoted);

  Console.WriteLine("{0}:{1}", header, connected);
}

static void Main(string[] args)
{
  string[] strings = { "データ 1番目", " 2番目", "\"3\"番目",
                       "4番目", "5番目" };
  WriteStrings(strings, "LINQ");
  WriteStrings_oldstyle(strings, "従来の書き方");

#if DEBUG
    ReadKey();
#endif
  }
}
```

リスト3.30「3.2：文字数をカウントする」

```csharp
using System;
using System.Linq;
using static System.Console;   // C# 6 の機能
```

図.7「文字列の処理」のコード

```csharp
class Program
{
  //「3.2：文字数をカウントする」
  static void Main(string[] args)
  {
    string s = "LINQ Magic";

    // 従来の書き方
    {
      int count = 0;
      foreach (var c in s.ToCharArray())
        if (char.IsUpper(c))
          count++;
      WriteLine($"大文字の数（従来の書き方）: {count}");
      //【出力】
      // 大文字の数（従来の書き方）: 5
    }

    // LINQ-その1
    {
      int count = s.Where(c => char.IsUpper(c)).Count();
      WriteLine($"大文字の数（LINQ-その1）: {count}");
      //【出力】
      // 大文字の数（LINQ-その1）: 5
    }

    // LINQ-その2
    {
      // Count拡張メソッドは，ラムダ式を引数に与えられる
      int count = s.Count(c => char.IsUpper(c));
      WriteLine($"大文字の数（LINQ-その2）: {count}");
      //【出力】
      // 大文字の数（LINQ-その2）: 5
    }
#if DEBUG
    ReadKey();
#endif
  }
}
```

リスト3.31 「3.3：CSVファイルから必要なデータだけを取り出す」

```csharp
using System;
using System.Collections.Generic;
using System.Linq;
using static System.Console;   // C# 6 の機能

class Program
{
    // コレクション内のすべての文字列を表示するメソッド
    private static void WriteStrings(IEnumerable<string> strings,
                                     string header)
    {
        IEnumerable<string> quoted = strings.Select(s => $"\"{s}\"");
        string connected = string.Join(", ", quoted);
        WriteLine($"{header}: {connected}");
    }

    //「3.3：CSVファイルから必要なデータだけを取り出す」
    static void Main(string[] args)
    {
        string s = "1番目,2番目,3番目,4番目,5番目";

        // 従来の書き方
        {
            // カンマで分解する
            string[] splitted = s.Split(',');

            // 空のコレクションを用意する
            List<string> selected = new List<string>();

            // 必要なデータを選び出してコレクションに追加する
            for (int n = 0; n < splitted.Length; n++)
            {
                string w = splitted[n];
                if (n % 2 == 0)
                    selected.Add(w);
            }
            WriteStrings(selected, "奇数番目だけを取り出す（従来の書き方）");
            //【出力】
            // 奇数番目だけを取り出す（従来の書き方）: "1番目", "3番目", "5番目"
```

```csharp
    }

    // LINQ
    {
      var selected
        = s.Split(',')                        // 分解し，
            .Where((w, n) => n % 2 == 0); // 奇数番目を取り出す
      WriteStrings(selected, "奇数番目だけを取り出す (LINQ) ");
      //【出力】
      // 奇数番目だけを取り出す (LINQ): "1番目", "3番目", "5番目"
    }

#if DEBUG
    ReadKey();
#endif
  }
}
```

リスト3.32 「3.4：文字列コレクションを検索する」

```csharp
using System;
using System.Collections.Generic;
using System.Linq;
using System.Text.RegularExpressions;
using static System.Console;   // C# 6 の機能

class Program
{
  // コレクション内のすべての文字列を表示するメソッド
  private static void WriteStrings(IEnumerable<string> strings,
                                   string header)
  {
    IEnumerable<string> quoted = strings.Select(s => $"¥"{s}¥"");
    string connected = string.Join(", ", quoted);
    WriteLine($"{header}: {connected}");
  }

  //「3.4：文字列コレクションを検索する」
  static void Main(string[] args)
  {
```

```csharp
// 冒頭に using System.Text.RegularExpressions; が必要

// サンプルデータ（文字列の配列）
string[] sampleData = { "ぶた", "こぶた", "ぶたまん",
                        "ねぶたまつり", "ねぷたまつり",
                        "きつね", "ねこ", };

//【1】条件が1つだけ
// LIKE '%ぶた%'

// 正規表現オブジェクト
var regex = new Regex("ぶた", RegexOptions.Compiled);
// ※この検索だけならば，StringクラスのContainsメソッドでも可能

// 従来の書き方
{
  // 検索する
  List<string> results = new List<string>();
  foreach (var s in sampleData)
  {
    if (regex.IsMatch(s))
      results.Add(s);
  }
  WriteStrings(results, "従来の書き方");
  //【出力】
  // 従来の書き方: "ぶた", "こぶた", "ぶたまん", "ねぶたまつり"
}

// LINQ
{
  // 検索する
  var results = sampleData.Where(s => regex.IsMatch(s));
  WriteStrings(results, "LINQ");
  //【出力】
  // LINQ: "ぶた", "こぶた", "ぶたまん", "ねぶたまつり"
}

//【2】AND条件（条件の数は不定，ここでは例として2つ）

// 正規表現オブジェクトのコレクション
```

```
var regexList = new List<Regex>()
{
  new Regex("ぶた", RegexOptions.Compiled),
  new Regex("たま", RegexOptions.Compiled),
};

// 従来の書き方-1
{
  // 検索する
  List<string> results = new List<string>();
  foreach (var s in sampleData)
  {
    bool allMatch = true;
    foreach (var r in regexList)
    {
      if (!r.IsMatch(s))
      {
        allMatch = false;
        break;
      }
    }
    if (allMatch)
      results.Add(s);
  }
  WriteStrings(results, "AND検索 - 従来の書き方-1");
  //【出力】
  // AND検索 - 従来の書き方-1: "ぶたまん", "ねぶたまつり"
}

// 従来の書き方-2
// 中間結果用に大量のコレクションを作成するので,
// 頻繁にガベージコレクションが働くことになる
{
  // 検索する
  IEnumerable<string> results = sampleData;
  foreach (var r in regexList)
  {
    List<string> work = new List<string>();
    foreach (var s in results)
      if (r.IsMatch(s))
```

```csharp
      work.Add(s);
    results = work;
  }
  WriteStrings(results, "AND検索 - 従来の書き方-2");
  //【出力】
  // AND検索 - 従来の書き方-2: "ぶたまん", "ねぶたまつり"
}

// LINQ-その1
// LINQマジックにより，中間結果用のコレクションは実体化されない
{
  // 検索する
  IEnumerable<string> work = sampleData;
  foreach (var r in regexList)
    work = work.Where(s => r.IsMatch(s));
  WriteStrings(work, "AND検索 - LINQ");
  //【出力】
  // AND検索 - LINQ: "ぶたまん", "ねぶたまつり"
}

// LINQ-その2
// foreachループ内の条件式が一定なら，All拡張メソッドで書ける
// ただし，難易度は高い
{
  // 検索する
  var result
    = sampleData.Where(s => regexList.All(r => r.IsMatch(s)));
  WriteStrings(result, "AND検索 - LINQ（難易度高）");
  //【出力】
  // AND検索 - LINQ（難易度高）: "ぶたまん", "ねぶたまつり"
}

//【3】OR検索

// 従来の書き方
{
  // 検索する
  List<string> results = new List<string>();
  foreach (var s in sampleData)
  {
```

```csharp
      foreach (var r in regexList)
      {
        if (r.IsMatch(s))
        {
          results.Add(s);
          break;
        }
      }
    }
    WriteStrings(results, "OR検索 - 従来の書き方");
    //【出力】
    // OR検索 - 従来の書き方: "ぶた", "こぶた", "ぶたまん",
    // "ねぶたまつり", "ねぷたまつり"
  }

  // LINQ-その1
  {
    // 検索する
    IEnumerable<string> work = new List<string>();
    foreach (var r in regexList)
      work = work.Union(sampleData.Where(s => r.IsMatch(s)));
    WriteStrings(work, "OR検索 - LINQ-その1");
    //【出力】
    // OR検索 - LINQ-その1: "ぶた", "こぶた", "ぶたまん",
    // "ねぶたまつり", "ねぷたまつり"
    // ※偶然, 順序が変わらなかった. Unionする方式では,
    //   順序は保証されない
  }


  // LINQ-その2
  // foreachループ内の条件式が一定なら, Any拡張メソッドで書ける
  // ただし, 難易度は高い
  {
    // 検索する
    var result
      = sampleData.Where(s => regexList.Any(r => r.IsMatch(s)));
    WriteStrings(result, "OR検索 - LINQ (難易度高)");
    //【出力】
    // OR検索 - LINQ (難易度高): "ぶた", "こぶた", "ぶたまん",
    // "ねぶたまつり", "ねぷたまつり"
```

```
        }

        // sampleDataを壊していないことの確認
        WriteStrings(sampleData, "sampleData");

#if DEBUG
        ReadKey();
#endif
    }
}
```

リスト3.33 「3.5：文字列を反転する」

```
using System;
using System.Collections.Generic;
using System.Linq;
using static System.Console;   // C# 6 の機能

public static class StringExtensions
{
    // 拡張メソッド
    public static string JoinIntoString(this IEnumerable<char> chars)
    {
        return new string(chars.ToArray());
    }
}

class Program
{
    //「3.5：文字列を反転する」
    static void Main(string[] args)
    {
        // 元の文字列
        string original = "あいうえお";
        WriteLine($"元の文字列：{original}");

        // 従来の書き方
        {
            // 文字列を反転させる
```

```
        char[] chars = original.ToCharArray();
        Array.Reverse(chars);
        string reverse = new string(chars);
        WriteLine($"反転した文字列（従来の書き方）：{reverse}");
        //【出力】
        // 反転した文字列（従来の書き方）：おえういあ
      }

      // LINQ-その1
      {
        // 文字列を反転させる
        string reverse = new string(original.Reverse().ToArray());
        WriteLine($"反転した文字列（LINQ-その1）：{reverse}");
        //【出力】
        // 反転した文字列（LINQ-その1）：おえういあ
      }

      // 上のコードは，new string()しているところがLINQらしくない
      // そこで，拡張メソッドを独自に作り，そこに追い出す

      // LINQ-その2（LINQ拡張メソッドを作る）
      {
        // 文字列を反転させる
        string reverse = original.Reverse().JoinIntoString();
        WriteLine($"反転した文字列（LINQ-その2）：{reverse}");
        //【出力】
        // 反転した文字列（LINQ-その2）：おえういあ
      }
#if DEBUG
    ReadKey();
#endif
  }
}
```

リスト3.34「3.6：文字列コレクションで複雑な検索をする」

```
using System.Collections.Generic;
using System.Linq;
using System.Text.RegularExpressions;
```

```csharp
using static System.Console;   // C# 6 の機能

public static class StringExtensions
{
  // 拡張メソッド
  public static IEnumerable<string> MyWhere(
                                    this IEnumerable<string> wordList,
                                    IEnumerable<string> keywords)
  {
    IEnumerable<string> results = wordList;
    foreach (var k in keywords)
    {
      if (k.StartsWith("!"))
      {
        var word = k.Substring(1);
        var r = new Regex(word);
        WriteLine($"new Regex(\"{word}\")");
        results = results.Where(s => !r.IsMatch(s));
      }
      else
      {
        var r = new Regex(k);
        WriteLine($"new Regex(\"{k}\")");
        results = results.Where(s => r.IsMatch(s));
      }
    }
    return results;
  }
}

class Program
{
  // コレクション内のすべての文字列を表示するメソッド
  private static void WriteStrings(IEnumerable<string> strings,
                                   string header)
  {
    IEnumerable<string> quoted = strings.Select(s => $"\"{s}\"");
    string connected = string.Join(", ", quoted);
    WriteLine($"{header}: {connected}");
  }
```

```csharp
// 「LINQ-その1」で使う条件判定メソッド
private static bool IsAllMatch(string s, IEnumerable<string> keywords)
{
  foreach (var k in keywords)
  {
    if (k.StartsWith("!"))
    {
      var word = k.Substring(1);
      var r = new Regex(word);
      WriteLine($"new Regex(¥"{word}¥")");
      if (r.IsMatch(s))   // 否定条件なので，マッチしたらfalse
        return false;
    }
    else
    {
      var r = new Regex(k);
      WriteLine($"new Regex(¥"{k}¥")");
      if (!r.IsMatch(s))
        return false;
    }
  }
  return true;
}

// 「3.6：文字列コレクションで複雑な検索をする」
static void Main(string[] args)
{
  // 冒頭に using System.Text.RegularExpressions; が必要

  // サンプルデータ（文字列の配列）
  string[] sampleData = { "ぶた", "こぶた", "ぶたまん",
                          "ねぶたまつり", "ねぷたまつり",
                          "きつね", "ねこ", };

  // 検索語
  string[] keywords = { "ぶた", "!まつり", };

  // LINQ-その1：ラムダ式の中に判定メソッドを置いてみる
  {
```

```csharp
      // 検索する
      var results = sampleData.Where(s => IsAllMatch(s, keywords));
      WriteStrings(results, "LINQ-その1");
      //【出力】
      // new Regex("ぶた")
      // new Regex("まつり")
      // new Regex("ぶた")
      // new Regex("まつり")
      // new Regex("ぶた")
      // new Regex("まつり")
      // new Regex("ぶた")
      // new Regex("まつり")
      // new Regex("ぶた")
      // new Regex("ぶた")
      // new Regex("ぶた")
      // LINQ-その1: "ぶた", "こぶた", "ぶたまん"
    }

    // LINQ-その2：拡張メソッドを作る
    {
      // 検索する
      var results = sampleData.MyWhere(keywords);
      WriteStrings(results, "LINQ-その2");
      //【出力】
      // new Regex("ぶた")
      // new Regex("まつり")
      // LINQ-その2: "ぶた", "こぶた", "ぶたまん"
    }
    // LINQ-その3：LINQ-その2は、さらにチェーンできる
    {
      var results = sampleData.MyWhere(keywords).Where(s => s != "ぶた");
      WriteStrings(results, "LINQ-その3");
      //【出力】
      // new Regex("ぶた")
      // new Regex("まつり")
      // LINQ-その3: "こぶた", "ぶたまん"
    }

#if DEBUG
    ReadKey();
```

```
#endif
  }
}
```

Column GetEncoding("Shift_JIS") が使えなくなる!?

　文字の扱いというと，日本では Unicode 以外の文字エンコーディング（シフト JIS など）への対応が欠かせません．.NET Framework では，Encoding クラス（System.Text 名前空間）の GetEncoding メソッドを使ってシフト JIS などの Encoding オブジェクトを取得し，Unicode との間で変換をします．

　ところが，2015 年に .NET Framework が 2 系統に分かれました．従来どおりのフル機能を提供する .NET Framework と，サブセットに当たる .NET Core です．新しく登場した .NET Core は，本書執筆時点では UWP アプリと ASP.NET Core 1.0（旧称 ASP.NET 5）で使われています．

　この .NET Core で Encoding.GetEncoding("Shift_JIS") を呼び出すと，例外になってしまいます．サブセットなので，Unicode 以外のエンコーディングはサポートされていないのでしょうか？　実はそうではなくて，実行時のメモリー節約のために既定では Unicode だけに制限されているようです．次の 1 行をコードに追加してください．

```
Encoding.RegisterProvider(CodePagesEncodingProvider.Instance);
```

　この 1 行を実行すると，システムがサポートしているエンコーディングのすべてが利用できるようになります．システムがシフト JIS をサポートしていれば，.NET Core でも GetEncoding("Shift_JIS") がちゃんと動きます．

Chapter 4
複数のUIコントロールの操作

　LINQで扱えるのは，数値や文字列のコレクションだけではありません．デスクトッププログラムのウィンドウ上に表示しているボタンなどのUI（ユーザーインターフェイス）を構成する複数のコントロールも，コレクションに入れてしまえばLINQでまとめて操作できます．

　この章では，WPFプログラムを作ります[22]．ここで紹介するWPFのコードは簡単なものですから，WPFが初めてという人もぜひ試してみてください[23]．

4.1 準備

　ここでは，図4.1のようなUIを用意します．

　複数のButtonコントロールがあります．RadioButtonコントロールも3個あります．それらをLINQで制御してみましょう（コード全体は，第4.3節に掲載してあります）．

　このウィンドウが表示されたときに，ウィンドウ上のButtonコントロールとRadioButtonコントロールをピックアップしてListコレクションに格納しておくようにします（➡ リスト4.1）．

　WPFのUIは，ウィンドウを起点として，その子供としてコントロールがぶら下がり，さらにその子供として……，というツリー状の構造になっています（「ビジュアルツリー」といいます）．そのビジュアルツリーを調べるためのAPIとして，VisualTreeHelperクラス（System.Windows.Media名前空間）が用意

---

[22] Visual Studio 2015をインストールしてWPFプログラム用のプロジェクトを作るまでの手順は，付録をご覧ください．
[23] Windowsフォームでも，UIコントロールのコレクションを同様に操作できます．ただし，UIコントロールをコレクションに格納するコードがWPFよりも複雑になります．

図4.1 ButtonコントロールとRadioButtonコントロールを持つウィンドウ

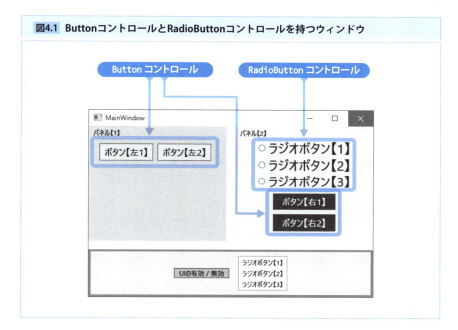

リスト4.1 ウィンドウ上のコントロールをピックアップしてコレクションに

```
private List<Button> _buttons;
private List<RadioButton> _radioButtons;

private void StoreControls()
{
  // このウィンドウが持っているすべてのButtonコントロール
  _buttons = this.Descendants<Button>().ToList();

  // このウィンドウが持っているすべてのRadioButtonコントロール
  _radioButtons = this.Descendants<RadioButton>().ToList();
}
```

されています．上のコードの **Descendants 拡張メソッド**は，VisualTreeHelperクラスを使って，指定された型のコントロールをすべて列挙するものです（第4.3節の「リスト 4.4：「VisualTreeExtensions」クラス」のコードをご覧ください）．

この「**StoreControls**」メソッドをウィンドウが表示されたときに呼び出せ

ば，「_buttons」メンバー変数にはウィンドウ上のすべての Button コントロールが，「_radioButtons」メンバー変数には同じくすべての RadioButton コントロールが格納されます．

4.7 UIコントロールを操作する

「_buttons」メンバー変数と「_radioButtons」メンバー変数は List コレクションにしたので，LINQ の **ForEach 拡張メソッド**が使えます．

たとえば，すべてのボタンを利用不可状態に切り替えるには，次の1行で書けます．

リスト4.2 すべてのボタンを利用不可状態にする
```
_buttons?.ForEach(b => b.IsEnabled = false);
```

ForEach 拡張メソッドは第1.1節で説明したように，コレクションのすべての要素に対してラムダ式を実行します．したがって，ここではすべてのボタンに対して，IsEnabled プロパティを false に変更しています（すなわち，利用不可状態に変わります）．

ForEach 拡張メソッドの前に Where 拡張メソッドを置いて，特定の条件を満たすボタンの状態だけを変えることもできますね．

なお，上のコードで，「_buttons?.」の末尾にある「?.」は，C# 6 の新機能です．**Null 条件演算子**（→ 第2部 第8.6節）といって，この場合は「_buttons」コレクションが null だったら何もしない（後続の ForEach 拡張メソッドを実行しない）というものです．「_buttons」コレクションが null のときに実行しても例外が発生しないように入れてあります．

さて，先に示したウィンドウ画像の RadioButton コントロールには，その Tag プロパティに「radio0」/「radio1」/「radio2」という文字列が設定されているとします．すると，たとえば2つ目の RadioButton コントロール（Tag プロパティは「radio1」）を選択した状態に変えたいときは，次のように書けます．

リスト4.3 特定のラジオボタンを選択状態にする
```
_radioButtons?.ForEach(r => r.IsChecked = object.Equals(r.Tag, "radio1"));
```

このコードでは，すべての RadioButton コントロールに対して，その Tag プ

ロパティが「radio1」だったら IsChecked プロパティを true に，そうでなければ false に設定しています．

このように，複数のコントロールを操作するときには LINQ が役立ちます．

4.8 「複数のUIコントロールの操作」のコード

本章で使ったソースコードを紹介しておきます．Visual Studio 2015 で作成しています[*24]．

なお，ここで示すソースコードのうち namespace 宣言の部分は，皆さんが作ったプロジェクトに応じて適宜読み替えてください．

作成したプロジェクトに新しいクラスを追加してファイル名を「VisualTreeExtensions.cs」とします．そのコードは次のリスト 4.4 のようにします．このクラスにある **Descendants 拡張メソッド**は，VisualTreeHelper クラスを使って，指定された型のコントロールをすべて列挙するものです．なお，この拡張メソッドを理解するには第 2 部 第 1 章の知識が必要ですので，先にそちらをお読みください．

リスト4.4 「VisualTreeExtensions」クラス

```
using System.Collections.Generic;
using System.Linq;
using System.Windows;
using System.Windows.Media;

namespace S1_4_UIのコントロール
{
  public static class VisualTreeExtensions
  {
    // 指定した型の子孫要素を取得
    public static IEnumerable<T>
      Descendants<T>(this DependencyObject control)
        where T : DependencyObject
    {
      return control.Descendants().OfType<T>();
    }
```

[*24] Visual Studio 2015 をインストールして WPF プログラム用のプロジェクトを作るまでの手順は，付録をご覧ください．

```csharp
// すべての子孫要素を取得
public static IEnumerable<DependencyObject>
  Descendants(this DependencyObject control)
{
  foreach (var child in control.Children())
  {
    yield return child;
    foreach (var c in child.Descendants())
      yield return c;
  }
}

// 直接の子要素を取得
public static IEnumerable<DependencyObject>
  Children(this DependencyObject control)
{
  var count = VisualTreeHelper.GetChildrenCount(control);
  for (int i = 0; i < count; i++)
    yield return VisualTreeHelper.GetChild(control, i);
}
  }
}
```

　UIを定義する「MainWindow.xaml」ファイルは，次のリスト4.5のようになります（見た目は第4.1節の図4.1をご覧ください）．下部の操作パネルの左のボタン（[UIの有効/無効]）は，クリックするごとに残りのすべてのボタンの利用可能状態が切り替わります．その右のリストは，どれかを選択すると，上部のラジオボタンの選択状態が切り替わります（いずれも，切り替えるコードは「リスト4.6：「MainWindow.xaml.cs」ファイル（コードビハインド）」を参照してください）．

> **リスト4.5** 「MainWindow.xaml」ファイル（UI定義）

```xml
<Window x:Class="S1_4_UIのコントロール.MainWindow"
        xmlns="http://schemas.microsoft.com/winfx/2006/xaml/presentation"
        xmlns:x="http://schemas.microsoft.com/winfx/2006/xaml"
        xmlns:d="http://schemas.microsoft.com/expression/blend/2008"
        xmlns:mc="http://schemas.openxmlformats.org/
                                          ➥markup-compatibility/2006"
```

```xml
        xmlns:local="clr-namespace:S1_4_UIのコントロール"
        mc:Ignorable="d"
        Title="MainWindow" Height="350" Width="525"
        MinHeight="250" MinWidth="360"
        Loaded="Window_Loaded" >
<Grid>
    <Grid.RowDefinitions>
        <RowDefinition Height="*" />
        <RowDefinition Height="Auto" />
    </Grid.RowDefinitions>
    <Grid.ColumnDefinitions>
        <ColumnDefinition Width="*" />
        <ColumnDefinition Width="*" />
    </Grid.ColumnDefinitions>

    <!-- 左側のパネル -->
    <ScrollViewer Background="#ffdddd"
                  VerticalScrollBarVisibility="Auto"
                  HorizontalScrollBarVisibility="Auto"
                  Margin="0,0,8,0" >
        <Grid>
            <Grid.Resources>
                <Style TargetType="Button">
                    <Setter Property="Padding" Value="8,4" />
                    <Setter Property="Margin" Value="0,0,8,0" />
                    <Setter Property="Background" Value="#ddffdd" />
                    <Setter Property="Foreground" Value="Black" />
                    <Setter Property="FontSize" Value="16" />
                </Style>
            </Grid.Resources>
            <TextBlock Margin="8,4">パネル【1】</TextBlock>
            <StackPanel Orientation="Horizontal"
                        VerticalAlignment="Top" HorizontalAlignment="Center"
                        Margin="0,32,0,0">
                <Button Content="ボタン【左1】" />
                <Button Content="ボタン【左2】" />
            </StackPanel>
        </Grid>
    </ScrollViewer>
```

```xml
<!-- 右側のパネル -->
<ScrollViewer Grid.Column="1" Background="#eeffdd"
              VerticalScrollBarVisibility="Auto"
              HorizontalScrollBarVisibility="Auto"
              Margin="8,0,0,0" >
  <Grid MinWidth="180" MinHeight="200">
    <TextBlock Margin="8,4">パネル【2】</TextBlock>
    <StackPanel HorizontalAlignment="Center" Margin="0,24,0,0">
      <StackPanel.Resources>
        <Style TargetType="RadioButton" >
          <Setter Property="TextBlock.FontSize" Value="24" />
          <Setter Property="VerticalContentAlignment"
              Value="Center" />
        </Style>
        <Style TargetType="Button">
          <Setter Property="HorizontalAlignment" Value="Center" />
          <Setter Property="Padding" Value="16,4" />
          <Setter Property="Margin" Value="0,8,0,0" />
          <Setter Property="Background" Value="DarkRed" />
          <Setter Property="Foreground" Value="White" />
          <Setter Property="FontSize" Value="16" />
        </Style>
      </StackPanel.Resources>
      <RadioButton GroupName="group1" Tag="radio0"
              >ラジオボタン【1】</RadioButton>
      <RadioButton GroupName="group1" Tag="radio1"
              >ラジオボタン【2】</RadioButton>
      <RadioButton GroupName="group1" Tag="radio2"
              >ラジオボタン【3】</RadioButton>
      <Button Content="ボタン【右1】" />
      <Button Content="ボタン【右2】" />
    </StackPanel>
  </Grid>
</ScrollViewer>

<!-- 下部の操作パネル -->
<Border Grid.Row="1" Grid.ColumnSpan="2" Background="#eef8ff"
        BorderBrush="DarkGray" BorderThickness="4" Margin="0,16,0,0"
        >
  <StackPanel Orientation="Horizontal" HorizontalAlignment="Center">
```

4.7「複数のUIコントロールの操作」のコード

```
        <ToggleButton Checked="ToggleButton_Checked"
                      Unchecked="ToggleButton_Unchecked"
                      IsChecked="True"
                      Content="UIの有効 / 無効"
                      VerticalAlignment="Center"
                      Margin="0,0,8,0" Padding="8,0" />
        <ListBox SelectionChanged="ListBox_SelectionChanged"
                 VerticalAlignment="Center" Margin="8,8,0,8">
          <ListBoxItem Content="ラジオボタン【1】" Tag="radio0" />
          <ListBoxItem Content="ラジオボタン【2】" Tag="radio1" />
          <ListBoxItem Content="ラジオボタン【3】" Tag="radio2" />
        </ListBox>
      </StackPanel>
    </Border>
  </Grid>
</Window>
```

　最後は，リスト 4.6 に示したコードビハインドの「MainWindow.xaml.cs」ファイルです．イベントハンドラーは XAML の側で定義するのを忘れないようにしてください．

リスト4.6 「MainWindow.xaml.cs」ファイル（コードビハインド）

```
using System.Collections.Generic;
using System.Linq;
using System.Windows;
using System.Windows.Controls;

namespace S1_4_UIのコントロール
{
  /// <summary>
  /// MainWindow.xaml の相互作用ロジック
  /// </summary>
  public partial class MainWindow : Window
  {
    public MainWindow()
    {
      InitializeComponent();
    }
```

95

```csharp
// イベントハンドラー

// ウィンドウが表示されるとき
private void Window_Loaded(object sender, RoutedEventArgs e)
{
  StoreControls();
}

// ［UIの有効／無効］ボタンがONになったとき
private void ToggleButton_Checked(object sender, RoutedEventArgs e)
{
  // ボタンがONになった → すべてのボタンを有効にする
  _buttons?.ForEach(b => b.IsEnabled = true);
  _radioButtons?.ForEach(b => b.IsEnabled = true);
}

// ［UIの有効／無効］ボタンがOFFになったとき
private void ToggleButton_Unchecked(object sender, RoutedEventArgs e)
{
  // ボタンがOFFになった → すべてのボタンを無効にする
  _buttons?.ForEach(b => b.IsEnabled = false);
  _radioButtons?.ForEach(b => b.IsEnabled = false);
}

// リストボックスの選択が変わったとき
private void ListBox_SelectionChanged(object sender,
                                     SelectionChangedEventArgs e)
{
  // 選択されたリスト項目のTagプロパティ
  object tag = (e.AddedItems[0] as ListBoxItem).Tag;

  // ラジオボタンを選択する
  _radioButtons.ForEach(r =>
    r.IsChecked = object.Equals(r.Tag, tag));
}

// UIコントロールをListコレクションに入れて管理する
private List<Button> _buttons;
private List<RadioButton> _radioButtons;
```

```
    private void StoreControls()
    {
      // このウィンドウが持っているすべてのButtonコントロール
      _buttons = this.Descendants<Button>().ToList();

      // このウィンドウが持っているすべてのRadioButtonコントロール
      _radioButtons = this.Descendants<RadioButton>().ToList();
    }
  }
}
```

　このプログラムを実行すると，画面上部のButtonコントロールとRadioButtonコントロールは有効になり，マウスで操作できます．画面下部の操作パネルの左のボタンを1回クリックすると，画面上部のButtonコントロールとRadioButtonコントロールはすべて無効になり，マウスで操作できなくなります（再び画面下部の操作パネルの左のボタンを1回クリックすると，また操作できるようになります）．また，画面下部の操作パネルの右のリストにある項目をクリックすると，画面右上のRadioButtonコントロールの該当するものが選択状態になります（RadioButtonコントロールが無効でも選択状態は変わります）．

ここまで、いろいろなコードでLINQを試してきました。LINQの書き方にも、ずいぶんなじんでいただけたかと思います。そこで、そろそろLINQマジックの正体に迫るコードを書いてみましょう。この章では、CSVファイルを処理するコンソールプログラムを作ります[*25]。

5.1 準備

ここでは、Visual Studio上で、「付録」で説明している以上の操作が必要になります。先にその説明をしましょう。

プロジェクトを作ったら、CSVファイルを追加します。ソリューションエクスプローラーでプロジェクトを右クリックし、コンテキストメニューから［追加］－［新しい項目］を選んで、［新しい項目の追加］ダイアログを出します。ダイアログの左側のツリーを［インストール済み］－［Visual C# アイテム］とたどっていって［全般］をクリックします。ダイアログの中央で［テキストファイル］を選び、下端の［名前］欄を「**sample.csv**」に書き換えたら、［追加］ボタンをクリックして完了です。

追加した「**sample.csv**」ファイルは、ビルド時に実行ファイルと同じフォルダーにコピーされるようにします。ソリューションエクスプローラーで「**sample.csv**」ファイルを選び、プロパティペインで［ビルドアクション］を［コンテンツ］に、［出力ディレクトリにコピー］を［新しい場合はコピーする］に変更します（→ 図5.1）。

[*25] Visual Studio 2015 をインストールしてコンソールプログラム用のプロジェクトを作るまでの手順は、付録をご覧ください。

図5.1 「sample.csv」ファイルのプロパティを変更する

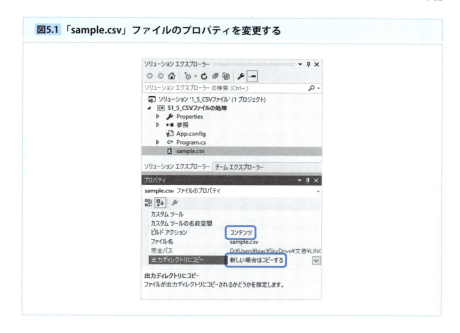

　最後に「sample.csv」ファイルを開き，次のリスト 5.1 のようなデータを入力し，保存します．この CSV ファイルは，1 行が 1 件のデータになっていて，その 1 つ目の項目にデータの種類を表すアルファベットがあり，2 つ目の項目に数字のデータがあるというルールになっています．

リスト5.1 「sample.csv」ファイルの内容

```
A, 100
B, 200
A, 300
```

　また，この CSV ファイルのデータ 1 件を表す「**Sample**」クラスを作っておきます（● 次ページリスト 5.2）．「**Kind**」プロパティ（＝データの種類）と「**Value**」プロパティ（＝データの値）を持っているだけのシンプルなクラスです．ここでは簡単にするために，「**Program.cs**」ファイルの中に書いています（コードの全体は第 5.9 節をご覧ください）．

リスト5.2 CSVファイルのデータ1件を表す「Sample」クラス

```
public class Sample
{
  public string Kind { get; set; }
  public int Value { get; set; }
}
```

　では，CSVファイルから特定の種類のデータの数字を抜き出して合計するという処理を作っていくことにします．

5.7 ファイルを1行ずつ読み込む

　CSVファイルを処理するには，まず1行ずつファイルから読み込む必要があります．それにはFileクラス（System.IO名前空間）の**ReadLines**メソッドが使えます（→リスト5.3）．実際には，ファイルの読み込みに失敗したときの例外処理コードを書かなければなりませんが，ここでは省略します．

リスト5.3 テキストファイルから1行ずつ最後まで読み込む

```
// 「Sample.csv」ファイルから1行ずつ最後まで読み込む
IEnumerable<string> lines = File.ReadLines(@".\sample.csv");
```

　上のコードは，ファイルを1行ずつ読み込んで文字列にし，その文字列のコレクションとしてファイル全体を返します．
　読み込んだファイルの内容を表示するには，次のリスト5.4のようにします（これは確認用なので，第5.9節に掲載したコードには含まれていません）．

リスト5.4 テキストファイルから読み込み，全行を表示する

```
// 「Sample.csv」ファイルから1行ずつ最後まで読み込む
IEnumerable<string> lines = File.ReadLines(@".\sample.csv");

// 読み込んだすべての行を表示する
// 冒頭に「using static System.Console;」が必要
foreach (var line in lines)
  WriteLine($"{line}");
```

```
// 【出力】
// A, 100
// B, 200
// A, 300
```

5.8 ファイルの1行からSampleオブジェクトを作る

　読み込んだ1行から「Sample」クラスのオブジェクトを作ります．その処理をまとめて「CreateFromCsvLine」メソッドとして書きましょう．

　後で動作を確認するために，メソッドの先頭で，処理している行の内容をコンソールに出力するようにします．

　カンマ区切りの文字列を分解するのは，第3.3節で紹介したようにStringクラスのSplitメソッドを使えばよいですね．

　分解した1番目の項目は「Sample」クラスの「Kind」プロパティになります．このプロパティは文字列ですので，読み込んだままでかまいません．2番目の項目は「Sample」クラスの「Value」プロパティになります．このプロパティは数値ですので，文字列から変換する必要があります．

　そうしてできあがった「CreateFromCsvLine」メソッドは，次のリスト5.5のようになります．これも，読み込んだ行にカンマの数が足りなかったり2番目の項目が数値に変換できなかったりしたときは例外が発生しますが，その処理は省略してあります．

リスト5.5 テキストファイルの1行から「Sample」オブジェクトを作る

```
static Sample CreateFromCsvLine(string line)
{
  // 冒頭に「using static System.Console;」が必要
  WriteLine();
  WriteLine($"[1] Select: {line}");

  // カンマで分解する
  string[] items = line.Split(',');

  // Sampleオブジェクトを作って返す
  return new Sample()
  {
```

```
    Kind = items[0].Trim(),
    Value = int.Parse(items[1].Trim()),
  };
}
```

ここでは，読み込んだ1行を分解するときに「[1] Select: A, 100」などと出力されることを覚えておいてください．

5.4 データの種類を判定する

ここでは，「Sample」オブジェクトの「Kind」プロパティが「A」であるデータだけを抜き出したいものとします．

それは文字列を比較する1つの文だけで済みますが，後で動作を確認するために，「**IsKindA**」というメソッドにして，比較の内容をコンソールに出力するようにします（→ リスト 5.6）．

リスト5.6 データの種類が「A」であるかを判定するメソッド

```
static bool IsKindA(Sample s)
{
  bool isKindA = s.Kind == "A";
  WriteLine($"[2] Where: {s.Kind}, {s.Value} ({isKindA})");
  return isKindA;
}
```

ここでは，種類の判定が行われると，「[2] Where: A, 100 (True)」などと出力されることを覚えておいてください．

5.5 数値を合計する

特定の種類のデータだけを取り出したら，最後にそれらの数値を合計したいのです．LINQのSum拡張メソッドを使えば済みますが，ここではSum拡張メソッドの内部の動きも確認したいと思います．そこで，Sum拡張メソッドと同じ働きをする「**SumValues**」拡張メソッドを独自に作ります（→ 第2部第1章）．

新しくstaticな「SampleExtensions」クラスを作り（第5.9節に掲載のコー

ドでは，簡単にするために「Program.cs」ファイルに含めています），次のリスト 5.7 のようなコードを記述します．

リスト5.7 数値を合計する「SumValues」拡張メソッド

```
public static class SampleExtensions
{
  public static int SumValues(this IEnumerable<Sample> samples)
  {
    WriteLine("※SumValues開始");

    int sum = 0;
    foreach (var s in samples)
    {
      sum += s.Value;
      WriteLine($"[3] Sum: {s.Kind}, {s.Value} <sum={sum}>");
    }

    WriteLine("※SumValues終了");
    return sum;
  }
}
```

このメソッドは，Sample オブジェクトのコレクションの後ろに付いて，Sample オブジェクトの Value プロパティの値を合計します．

ここでは，このメソッドの開始 / 終了時に「※SumValues開始」/「※SumValues終了」と表示され，さらに数値を合計するときの foreach ループが回るごとに，「[3] Sum: A, 100 <sum=100>」などと出力されることを覚えておいてください．

5.6 Mainメソッドにまとめる

以上で必要なパーツは揃いました．Main メソッドにまとめていきましょう．

ここでやりたい処理は，「sample.csv」ファイルからすべての行を読み込み，1 行の内容を「Sample」オブジェクトに変換し，その「Kind」プロパティが「A」のものだけを抜き出し，最後にその「Value」プロパティの数値を合計するというものです．それは，次のリスト 5.8 のように書けます．

リスト5.8 CSVファイルを処理するコード

```
static void Main(string[] args)
{
  // 冒頭に「using static System.Console;」が必要

  //「Sample.csv」ファイルから1行ずつ最後まで読み込む
  IEnumerable<string> lines = File.ReadLines(@".\sample.csv");
  WriteLine("※ReadLines完了");

  // CSVファイルの各行からSampleオブジェクトを作る
  IEnumerable<Sample> samples
    = lines.Select(line =>
                   CreateFromCsvLine(line));  // ⇒「[1] Select: ……」
  WriteLine("※Select完了");

  // Kindが「A」のデータだけを抜き出す
  IEnumerable<Sample> selectedA
    = samples.Where(s => IsKindA(s)); // ⇒「[2] Where: ……」
  WriteLine("※Where完了");

  // Valueを合計する
  int sumA = selectedA.SumValues(); // ⇒「[3] Sum: ……」
  WriteLine("※Sum完了");

  WriteLine($"Aだけの合計は {sumA}");
}
```

　リスト5.8で「Sample」オブジェクトを作っている Select 拡張メソッドは，第3.1節で登場しています．このメソッドは，「ラムダ式として与えた処理で新しいオブジェクトを作り，それを新しいコレクションに追加する」という機能を持っていました．リスト5.8ではラムダ式として「CreateFromCsvLine」メソッドを与えていますから，「[1] Select: A, 100」などと表示されます．

　種類「A」のデータだけ抜き出すところでは，Where 拡張メソッドを使っています．そのラムダ式として与えた「IsKindA」メソッドは，「[2] Where: A, 100 (True)」などと出力します．

　数値を合計するところは，独自に作った「SumValues」拡張メソッドを使っています．その中でループが回るたびに「[3] Sum: A, 100 <sum=100>」などと表示します．

さらに，それぞれのステップが終わったところでも，コンソールに出力するようにしています．

このコードで CSV から読み込んだ数値の合計がちゃんと出ることは，もう予想できますね．では，ここで本を読み進めるのをちょっと止めて，コンソールに出力されるであろう内容を予想してみてください．

どうなるでしょうか？ 次のように出力されそうですね．

予想されるコンソール出力（読みやすいように改行位置を変更）

```
※ReadLines完了

[1] Select: A, 100
[1] Select: B, 200
[1] Select: A, 300
※Select完了

[2] Where: A, 100 (True)
[2] Where: B, 200 (False)
[2] Where: A, 300 (True)
※Where完了

※SumValues開始
[3] Sum: A, 100 <sum=100>
[3] Sum: A, 300 <sum=400>
※SumValues終了
※Sum完了
Aだけの合計は 400
```

「コードを追いかければ明白．上のようになるはずだ！」……そのように予想された読者は，次節に掲載する実際の出力を見て驚いてください．

5.7 LINQ マジックの「秘密」

前節のコードを実際に実行した結果は次のようになります．

実際のコンソール出力

```
※ReadLines完了
```

```
※Select完了
※Where完了
※SumValues開始

[1] Select: A, 100
[2] Where: A, 100 (True)
[3] Sum: A, 100 <sum=100>

[1] Select: B, 200
[2] Where: B, 200 (False)

[1] Select: A, 300
[2] Where: A, 300 (True)
[3] Sum: A, 300 <sum=400>
※SumValues終了
※Sum完了
Aだけの合計は 400
```

なんということでしょう！

Select 拡張メソッドと Where 拡張メソッドを通過し，SumValues 拡張メソッドに入ってしまった後になって，「[1] Select: A, 100」と出力されています．後になって実際の Select 拡張メソッドの内部処理が実行されているわけです．どうやら，LINQ 拡張メソッドに与えたラムダ式の部分は，**実際に実行されるのは遅れる**（後になる）ようです．

また，「[1] Select: A, 100」の次には「[1] Select: B, 200」が実行されず，「[2] Where: A, 100 (True)」が先に実行されています．**実行順序がコードとは違っています**ね．LINQ 拡張メソッドはループを回して何かするものですが，その**ループはどうやら分解／再構築されてから実行される**ようです．

以上に挙げた2点が，LINQ マジックの**秘密**です（**もう1つあります**．それは次節で）．詳しくは，次の章から解説していきます．

5.9 残りの数値も合計する

前節までで，データの種類が「A」であるものの数値は合計できました．では，残りの数値（＝データの種類が「A」でないもの）の合計も求めてみましょう．

先のリスト 5.8 の Main メソッドの後ろに続けて，次のリスト 5.9 のようなコードを書けばよいですね．

リスト5.9 残りの数値も合計する

```
static void Main(string[] args)
{
  ……（省略．第5.6節のコードと同じ）……

  WriteLine($"Aだけの合計は {sumA}");

  // 以下を追加

  WriteLine();
  WriteLine("残りのデータも合計する");

  IEnumerable<Sample> selectedB
    = samples.Where(s => !IsKindA(s));
  WriteLine("※Where完了");

  int sumB = selectedB.SumValues();
  WriteLine("※Sum完了");

  WriteLine($"Bだけの合計は {sumB}");
}
```

このコードの出力も予想してみてください．

「samples」コレクションはもう作ってあるので，コンソール出力には「Select」は表示されず，「Where」と「Sum」だけが表示されそうです．

ところが，実際の出力は次のようになります．

実際のコンソール出力（太字以降が追加分の結果）

```
※ReadLines完了
※Select完了
※Where完了
※SumValues開始

[1] Select: A, 100
[2] Where: A, 100 (True)
[3] Sum: A, 100 <sum=100>

[1] Select: B, 200
```

```
[2] Where: B, 200 (False)

[1] Select: A, 300
[2] Where: A, 300 (True)
[3] Sum: A, 300 <sum=400>
※SumValues終了
※Sum完了
Aだけの合計は 400

残りのデータも合計する
※Where完了
※SumValues開始

[1] Select: A, 100
[2] Where: A, 100 (True)

[1] Select: B, 200
[2] Where: B, 200 (False)
[3] Sum: B, 200 <sum=200>

[1] Select: A, 300
[2] Where: A, 300 (True)
※SumValues終了
※Sum完了
Bだけの合計は 200
```

　なんと！またも予想に反して「Select」（Sampleオブジェクトの生成）が実行されています．どうやら「samples」コレクションの中身が参照されるときに，そのつど「Sample」オブジェクトを生成しているようです．その生成された「Sample」オブジェクトは，しかし，「samples」コレクションには格納されないのです（格納されるのであれば，そのつどオブジェクトを生成しないでしょう）．「samples」コレクションは**実体を保持しない**のです．つまり，実体が必要とされたときに，そのつどオブジェクトを生成するようになっているのです．それで，**コレクションを作ってもメモリを消費しない**わけですね．これもLINQマジックの「**秘密**」です．

　なお，これはメモリを消費しないという点ではメリットです．しかし，このコード例のようにコレクションを参照するときにそのつどインスタンスを生成する場合には，コレクションを何度も参照すると，そのたびにインスタンス生

成の時間を余分に消費するというデメリットにもなります．

5.4「CSVファイルの処理」のコード

本章で使ったソースコードを紹介しておきます．Visual Studio 2015 で作成しています[26]

作成したプロジェクトには，「sample.csv」ファイル（⇒リスト 5.10）を追加します．

リスト5.10「sample.csv」ファイルの内容（再掲）

```
A, 100
B, 200
A, 300
```

作成したプロジェクトのうち，「Program.cs」ファイルだけを編集します．コードを編集するには，ソリューションエクスプローラーで［Program.cs］を選択します．以下，「Program.cs」ファイルの内容を掲載します．

リスト5.11「Program.cs」ファイル

```csharp
using System.Collections.Generic;
using System.IO;
using System.Linq;
using static System.Console;  // C# 6 の機能

public class Sample
{
  public string Kind { get; set; }
  public int Value { get; set; }
}

public static class SampleExtensions
{
  public static int SumValues(this IEnumerable<Sample> samples)
  {
```

[26] Visual Studio 2015 をインストールしてコンソールプログラム用のプロジェクトを作るまでの手順は，付録をご覧ください．

```csharp
      WriteLine("※SumValues開始");

      int sum = 0;
      foreach (var s in samples)
      {
        sum += s.Value;
        WriteLine($"[3] Sum: {s.Kind}, {s.Value} <sum={sum}>");
      }

      WriteLine("※SumValues終了");
      return sum;
    }
  }

  class Program
  {
    static Sample CreateFromCsvLine(string line)
    {
      WriteLine();
      WriteLine($"[1] Select: {line}");

      // カンマで分解する
      string[] items = line.Split(',');

      // Sampleオブジェクトを作って返す
      return new Sample()
      {
        Kind = items[0].Trim(),
        Value = int.Parse(items[1].Trim()),
      };
    }

    static bool IsKindA(Sample s)
    {
      bool isKindA = s.Kind == "A";
      WriteLine($"[2] Where: {s.Kind}, {s.Value} ({isKindA})");
      return isKindA;
    }

    static void Main(string[] args)
```

```csharp
{
    // 冒頭に「using static System.Console;」が必要

    //「Sample.csv」ファイルから1行ずつ最後まで読み込む
    IEnumerable<string> lines = File.ReadLines(@".\sample.csv");
    WriteLine("※ReadLines完了");

    // CSVファイルの各行からSampleオブジェクトを作る
    IEnumerable<Sample> samples
      = lines.Select(line =>
                     ➡CreateFromCsvLine(line)); // ⇒「[1] Select:……」
    WriteLine("※Select完了");

    // Kindが「A」のデータだけを抜き出す
    IEnumerable<Sample> selectedA
      = samples.Where(s => IsKindA(s)); // ⇒「[2] Where: ……」
    WriteLine("※Where完了");

    // Valueを合計する
    int sumA = selectedA.SumValues(); // ⇒「[3] Sum: ……」
    WriteLine("※Sum完了");

    WriteLine($"Aだけの合計は {sumA}");

    // 続けて，Kindが「B」のデータだけを抜き出して合計する
    // 上で作られたsamplesコレクションを使うので，
    // CreateFromCsvLineメソッドはもう呼ばれないように思えるが……

    WriteLine();
    WriteLine("残りのデータも合計する");

    // Kindが「A」ではないデータだけを抜き出す
    IEnumerable<Sample> selectedB
      = samples.Where(s => !IsKindA(s));
    WriteLine("※Where完了");

    // Valueを合計する
    int sumB = selectedB.SumValues();
    WriteLine("※Sum完了");
```

```
        WriteLine($"Bだけの合計は {sumB}");

#if DEBUG
        ReadKey();
#endif
    }
}
```

Chapter 6 LINQマジック──3つの「秘密」

前章で LINQ マジックの3つの**秘密**を明らかにしました．

- **LINQ 拡張メソッド内部のループは分解 / 再構築されてから実行される**
- **LINQ が扱うコレクションには実体がない（メモリを節約する）**
- **LINQ 拡張メソッドの内部の処理は遅延実行される**

実際には秘密などではなく，これらのことは MSDN ドキュメントにもしっかり書いてあります[*27]．ただ，本書でここまでたどってきたように，自分の手でコードを書いて体感してみないとドキュメントに書かれている内容を理解するのは難しいのです．

この章では，3つの「秘密」のそれぞれについて解説しましょう．

6.1 LINQはループを分解/再構築する

LINQ の拡張メソッドは，その内部でループを回して何か処理をします．処理の内容は，あらかじめ完全に決まっていたり（`Sum` 拡張メソッドや `Average` 拡張メソッドなど），処理の一部をラムダ式で与えたり（`Where` 拡張メソッドや `Select` 拡張メソッドなど），全部をラムダ式で与えたり（`ForEach` 拡張メソッド）します．

そのことをわかったうえで LINQ を使ったコードを見てみると，同じループが何度も記述されていることに気付きます．たとえば，第 2.4 節で紹介したコー

[*27] たとえば MSDN の「LINQ: .NET 統合言語クエリ」を参照してみてください（URL は下記）．LINQ 拡張メソッド内では `yield` 構文が使われていること，値を保持せずクエリを保持すること，遅延評価（遅延実行）が行われることが述べられています（それぞれが本文に挙げた3項目に対応します）．
https://msdn.microsoft.com/ja-jp/library/bb308959.aspx

ド（リスト2.14）では，「numbers」コレクションの要素を使うループが2回出てきました（→ リスト6.1）.

> **リスト6.1 第2.4節で紹介したコード（リスト2.14）に登場するループ**
>
> ```
> // 1～10までの整数を用意する
> IEnumerable<int> numbers = Enumerable.Range(1, 10);
>
> // 偶数だけを取り出す
> var evenNumbers = numbers.Where(n => n % 2 == 0); // 1つ目のループ
>
> // 取り出した偶数を合計する
> var sum = evenNumbers.Sum(); // 2つ目のループ
> WriteLine($"偶数だけの合計（LINQ-1）：{sum}");
> ```

このようにループを分けて書いたほうが，処理の流れを把握しやすくなります．リスト6.1では，「偶数だけを取り出す → 取り出した偶数を合計する」となっていて，処理全体の流れを考えやすくなっています．

> **図6.1-1 CSVファイルの処理で示したコードの見た目と実際の動作**
>
> 【コードの見かけ】
>
> ```
> // CSVファイルの各行からSampleオブジェクトを作る
> IEnumerable<Sample> samples = lines.Select(line => CreateFromCsvLine(line));
> [1] Select: A, 100
> [1] Select: B, 200       ┐ 1つ目のループ
> [1] Select: A, 300
>
> // Kindが「A」のデータだけを抜き出す
> IEnumerable<Sample> selectedA = samples.Where(s => IsKindA(s));
> [2] Where: A, 100 (True)
> [2] Where: B, 200 (False) ┐ 2つ目のループ
> [2] Where: A, 300 (True)
>
> // Valueを合計する
> int sumA = selectedA.SumValues();
> [3] Sum: A, 100 <sum=100>  ┐ 3つ目のループ
> [3] Sum: A, 300 <sum=400>
> ```

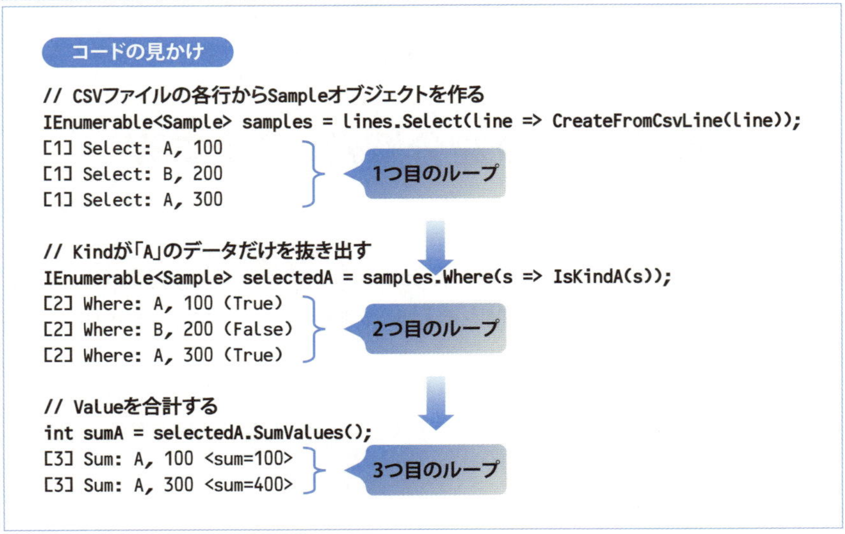

しかし，コードの可読性が上がっても，同じループを何度も回すという非効率なことをやっていたのでは，適用できる場面が限られてしまいます（そのような非効率なコードでも問題が出ないような小さいコレクションでしか使えない，ということになってしまいます）．

ところが LINQ では，前章で示したように，コードが連続した複数のループに分かれているように見えても，**実行時にはループを分解 / 再構築して 1 つのループにしてくれます**[*28]（ ➡ 図 6.1）．

LINQ を使わない従来の書き方では，1 つのループで書ける処理を，わざわざ複数のループに分けることはしませんでした（ ➡ 第 2.5 節 リスト 2.17）．従来の書き方で複数のループに分けると，処理速度の低下やメモリ消費の増大を引き起こすからです（ ➡ 次ページ図 6.2）．

LINQ では，**コードの見た目としては複数のループに分けて可読性を向上でき，実際に実行するときはループが合体されるので処理速度は低下しません**．

ただし，ループを合体させてくれるのは，1 つのメソッドチェーンとして書ける範囲だけです．第 5.8 節で示したような途中で分岐がある場合は，複数のループになります（この例では，データの種類が「A」の場合とそれ以外の場合の 2 通りの分岐があり，2 つのループにまとめられます）．

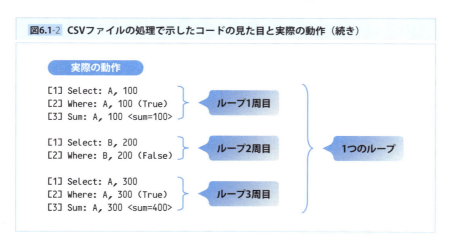

図6.1-2 CSVファイルの処理で示したコードの見た目と実際の動作（続き）

[*28] コンパイル時にそのようなコードの書き換えが行われるわけではありません．実行時の動作が，ループを分解 / 再構築したような動きになります．第 6.3 節を参照してください．

Chapter 6 LINQマジック——3つの「秘密」

図6.2 第2.5節リスト2.17で示した偶数だけの平均値を求める従来の書き方のコード

1つのループ

```
// 偶数だけを取り出して平均値を求める
double ave = 0;
int count = 0;
foreach (int n in numbers)
{
  if (n % 2 == 0)
  {
    count++;
    ave += (n - ave) / count;
  }
}
```

複数のループに分割

```
// 偶数だけを取り出して平均値を求める
List<int> evens = new List<int>();
foreach (int n in numbers)
{
  if (n % 2 == 0)
    evens.Add(n);
}

double ave = 0;
int count = 0;
foreach (int n in evens)
{
  count++;
  ave += (n - ave) / count;
}
```

6.7 LINQはメモリを節約する

 LINQでは，中間結果を保持するためのコレクションをどれだけ生成しても，それがIEnumerable<T>型である限り，**メモリを無駄に消費したりはしません**．

 実際にそうなっていることを第2.5節で確かめました．なぜそんなことが可能なのかというと，第5.8節で述べたように中間結果を保持するためのコレクションには実体がないからです．より正確にいうと，**IEnumerable<T>型はコレクションの実体を持っている必要がなく，LINQ拡張メソッドはコレクションの実体を持たないような結果を返してくれる**からです．

 この不思議な「実体を持たないコレクション」を返す拡張メソッドを実際に作る方法は第10章で紹介します．ここでは，まずIEnumerable<T>型の性質を理解しておきましょう．

 IEnumerable<T>型は，foreach文で列挙できるインターフェイスだけが必須です．具体的には，GetEnumeratorメソッドさえ持っていればIEnumerable<T>型になれます．そのGetEnumeratorメソッドはIEnumerator<T>型のオブジェクトを返します．そして，IEnumerator<T>型のインターフェイスは，**MoveNextメソッド**と読み出し専用の**Currentプロパティ**を持っています（➡ 図6.3）（あと2つメソッドを持っていますが，ここでは省略します[*29]）．

[*29] 詳細は第8.1節をご覧ください．

図6.3 IEnumerable<T>インターフェイス

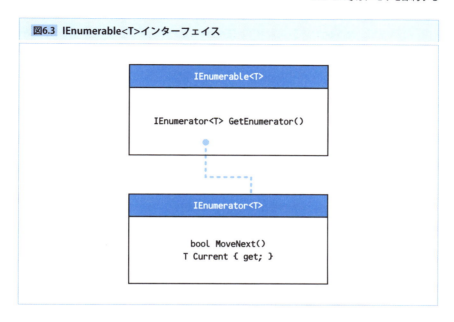

　foreach文は，ループを初期化するときにIEnumerable<T>型のGetEnumeratorメソッドを呼び出してIEnumerator<T>型のオブジェクトを取得します．そして，ループを回すごとに，MoveNextメソッドを呼び出し，Currentプロパティを読み取ってループ変数にするのです．コレクションの最後まで進んだ後ではMoveNextメソッドはfalseを返してくるので，foreachループはそこで終了します（→ 図6.4）．

図6.4 foreach文の動作

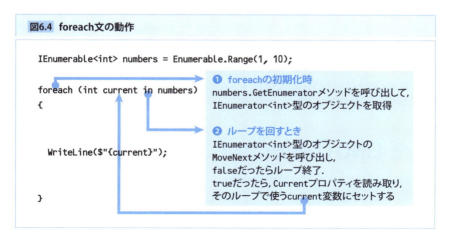

したがって，foreach 文を使わずに IEnumerator<T> 型のコレクションを列挙することもできます（→ リスト 6.2）．言い換えれば，foreach 文の実装はこのような仕組みになっているということです．

リスト6.2　foreach文と同等のコード

```
// 冒頭に「using static System.Console;」が必要

// 列挙対象のIEnumerable<T>型コレクション（1 ～ 10までの整数）
IEnumerable<int> numbers = Enumerable.Range(1, 10);

// 最初にIEnumerator<T>オブジェクトを取得する
IEnumerator<int> enumerator = numbers.GetEnumerator();

// MoveNextメソッドがtrueを返す間，ループを回す
while (enumerator.MoveNext())
{
  // ループ変数を取り出す
  int current = enumerator.Current;

  // ループ変数を使った処理
  WriteLine($"{current}");
  // 1から10まで順に出力される
}
```

結局のところ IEnumerator<T> 型は，MoveNext メソッドが呼び出されたときに，Current プロパティが次の値に変わればよいわけです．すなわち，コレクションの実体をすべて保持している必要はなく，**MoveNext メソッドが呼び出されたときに次の実体だけを生成できれば十分**なのです．これが，IEnumerable<T> 型はコレクションの実体を持っていなくてよい理由です．

　IEnumerable<T> 型のこの性質をうまく使った拡張メソッドを実装すれば，無駄なメモリ消費が避けられるのです．

LINQは必要に応じて(遅延)実行される

　前節で説明したように，IEnumerator<T> 型は MoveNext メソッドが呼び出されると，次の Current プロパティを計算します．ということは，逆にいえば，**MoveNext メソッドが呼び出されるまでは計算を実行しない**のです．必要になっ

たときに初めて実行されるともいえます．

第5.7節で，LINQ拡張メソッドを使った一連の文が実行されるとき，Valueを合計する文に到達してからLINQ拡張メソッドの中身の計算が始まることを確かめました．この不思議な挙動は，MoveNextメソッドが呼び出されるまで計算を実行しないという特性から生まれているのです．

それを説明するために，第5.6節で作ったコード（リスト5.8）の一部分をMoveNextメソッドを使った擬似的なコードで表してみました（→図6.5[*30]）．

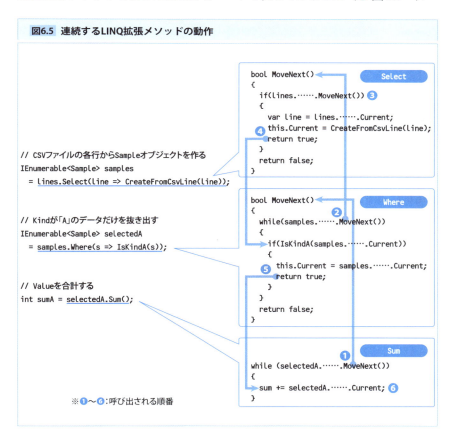

図6.5 連続するLINQ拡張メソッドの動作

このコードでは，LINQ拡張のSelect / Where / Sumメソッドを順に書いてい

[*30] 第5.6節ではSum拡張メソッドの内部動作を確認するために「SumValues」拡張メソッドを使いましたが，この図では通常のSum拡張メソッドに戻してあります．

119

ます.しかし,MoveNextメソッドが初めて呼び出されるのは,Sum拡張メソッドの内部のループが始まるときです(図6.5中の❶).

Sum拡張メソッドの内部で「selectedA」オブジェクトのMoveNextメソッドを呼び出すと(❶)[*31],Where拡張メソッドでは次の値を計算しようとしますが,そのためには「samples」オブジェクトのMoveNextメソッドを呼び出すことになります(❷).

Select拡張メソッドでは「Sample」オブジェクトを作るために「lines」オブジェクトのMoveNextメソッドを呼び出し(❸),「lines」オブジェクトのCurrentプロパティを読み取り,それから「Sample」オブジェクトを作って自身のCurrentプロパティにセットし,trueを返します(❹).

MoveNextメソッドからtrueが返されたWhere拡張メソッドでも同様で,「Samples」オブジェクトのCurrentプロパティを使って処理を行い,結果を自身のCurrentプロパティにセットしてから,trueを返します(❺).

そしてSum拡張メソッドの中でも同じく,「selectedA」オブジェクトのCurrentプロパティを読み取って合計値に加算し(❻),次のループへと進んでいくのです.

このようにして,コード中にLINQ拡張メソッドが書いてある場所ではなく,**最終的にループを回す場所で連鎖的にすべての処理が実行されます**.これを「**遅延実行**」と呼びます.また,その処理の順序は,第6.1節で述べたように**ループを分解 / 再構築したかのように見えます**.

[*31] 正確には「「selectedA」オブジェクト(= IEnumerable<T>型)のGetEnumeratorメソッドを呼び出して得られたIEnumerator<T>型のオブジェクトのMoveNextメソッド」です(前節参照).以降も同様です.図6.5中のコードには,その意味で「……」と書いてあります.

Chapter 7 ToList メソッドの罠

Chapter 7
ToListメソッドの罠

　LINQを使い始めた開発者が必ずといってよいほどはまる**落とし穴**があります（筆者もはまりました）．そこで，章を改めて特筆しておきます．
　実は，「**ToListメソッドを使うと，3つの『秘密』は失われる！**」のです．
　前章でLINQを特徴付ける3つの「秘密」を説明しました．ただし，それが有効なのは，中間結果を保持するためのコレクションにIEnumerable<T>型を使っているときだけです．その前提を壊してしまうのが，ToListメソッドに代表される**即時実行型のLINQ拡張メソッド**です．即時実行されるLINQ拡張メソッドには，次の2種類があります．

- **出力がコレクションではなくなるもの**：Average / Count / First / Last / Min / Max / Sum など
- **出力が IEnumerable<T> ではなくなるもの**：ToList / ToArray など

　この中で，前者は問題ありません．LINQを使った処理の最終段階で使い，結果を得るためのメソッドですから．
　問題は後者です．出力がコレクションなので，さらに続けてLINQを使った処理が書けます．けれども IEnumerable<T> ではなくなっているので，3つの「秘密」のご利益も失われてしまうのです．その代わり，コレクションの実体がメモリ上に揃うので，それ以降の処理は高速になる可能性があります．
　LINQはコレクションの実体を持たないのでメモリを浪費しない代わりに，似たような処理を繰り返すときにはそのつどインスタンスを作ってしまうと，第5.8節で述べました．そのような場面では，ToList / ToArray 拡張メソッドなどを使ってコレクションに実体を持たせると良い場合があるのです（CPUを使うかメモリを使うかというトレードです）．

7.1 ToListメソッドのデメリット

第2.5節でLINQを使うとメモリを浪費しないことを確認するコードを書きました．そこにToList拡張メソッドを入れたらどうなるか，確かめてみましょう．まず，元のコードからLINQを使った部分だけを再掲します（→リスト7.1）．実際の出力例もコメントに記載しました．

リスト7.1 整数100万個から偶数だけの平均値を求める（LINQ）（再掲）

```
// 1～100万（100万個）の整数を持つ配列（約4MB）
int[] numbers = Enumerable.Range(1, 1000000).ToArray();
WriteTotalMemory("配列確保後");
WriteLine($"配列の要素数：{numbers.Length}\n");
//【出力例】
// 配列確保後：3.8 MB
// 配列の要素数：1000000

// 偶数だけを取り出したコレクションを得る
IEnumerable<int> evenNumbers = numbers.Where(n => n % 2 == 0);
WriteTotalMemory("偶数だけ取り出した後");
//【出力例】
// 偶数だけ取り出した後：3.8 MB

// 平均値を求める
var ave = evenNumbers.Average();
WriteTotalMemory("計算後（LINQ）");
WriteLine($"偶数だけの平均値（LINQ）：{ave}");
//【出力例】
// 計算後（LINQ）：3.8 MB
// 偶数だけの平均値（LINQ）：500001
```

この途中，偶数だけを取り出したコレクションを得た後で，ToListメソッドを使ってみます（→リスト7.2）．

リスト7.2 途中でToListメソッドを使う

```
// 1～100万（100万個）の整数を持つ配列（約4MB）
int[] numbers = Enumerable.Range(1, 1000000).ToArray();
WriteTotalMemory("配列確保後");
```

7.1 ToListメソッドのデメリット

```
WriteLine($"配列の要素数：{numbers.Length}¥n");

// 偶数だけを取り出したコレクションを得る
IEnumerable<int> evenNumbers = numbers.Where(n => n % 2 == 0);
WriteTotalMemory("偶数だけ取り出した後");

// ToListを使う
List<int> evenNumbersList = evenNumbers.ToList();
WriteTotalMemory("ToList後");

// 平均値を求める
var ave = evenNumbersList.Average();
WriteTotalMemory("計算後（LINQ）");
WriteLine($"偶数だけの平均値（LINQ）：{ave}");
```

ToListメソッドはコレクションを「実体化」させますから，整数50万個分のメモリ（約2Mバイト）を余分に使うようになるはずです．

はたして，実行結果は図7.1のようになります．

図7.1 ToListメソッドを使ったコードの実行例

ToListメソッドを使ったことで，メモリ使用量は3.8Mバイトから5.8Mバ

イトへと，確かに 2M バイト余計に消費しています．ToList / ToArray 拡張メソッドなどを使うときは，そこで**コレクションを「実体化」する必要があるのかどうか，きちんと考えないといけません**．

> ### Column 本番（に近い）環境でパフォーマンスチェックを！
>
> 　筆者が LINQ を使ったプロジェクトに参加したのは，まだ WPF が β 版のときでした．Visual Studio 2008 の正式リリースを見計らって本番（に近い）環境でのシステムテストを行うというスケジュールでだいたい進んでいました．なにぶん，WPF も LINQ も開発メンバーの全員が初めてです．紆余曲折がありながらもシステムテストまでたどり着いたところで……．
>
> 　パフォーマンスが出ないという問題が頻発しました．データを分類して集計するような処理で，数分とか数十分とか応答が返ってこないのです．もうおわかりだと思いますが，コードを調べてみるとあらぬところで ToList メソッドが！ データベースから 1 レコードが数 K バイトもあるデータを数万件取ってきて，数万件のまま ToList したのでは，本番用のメモリが少なめの PC ではひとたまりもありません．ハードディスクにスワップしっぱなしとなって，とんでもない処理時間がかかっていたのでした．もちろん，ToList をはずして適宜修正することで数秒〜数十秒というレベルにパフォーマンスは向上しました．
>
> 　ToList メソッドの罠は，処理するデータ量が少ないうちは気付きにくいのです．また，ToList を使うか使わないかはメモリと CPU のトレードですから，コードを読むだけでその適不適を判断するのも難しいです．プロジェクトのできるだけ早期に，本番環境並みの量のデータベースを構築して定期的にパフォーマンスチェックをすることをお勧めします．

7.2 ToList メソッドのメリット

　では，どんな場面で ToList / ToArray 拡張メソッドなどを使うべきでしょうか？
　それは，以下のような場合でしょう．

- コレクションを「実体化」しておいて，その後の処理で再利用する場合

- **なおかつ，それに投じるメモリコストに見合う以上の速度向上が見込める場合**

　たとえば，ファイルやネットワークから取得するコレクションは，「実体化」しておく価値が高いでしょう．次にまた取得するときに，非常に大きな時間コストがかかるからです．逆に，オンメモリですぐに作成できるコレクションは，「実体化」しておく価値は低くくなります．必要なときにまた低コストで作れるからです．

　実際に第5.8節のコード（リスト5.9）の中間コレクションを「実体化」して，その効果を見てみましょう．そこでは予想に反して同じ「Sample」オブジェクトを繰り返し生成してしまっていました．それは「samples」コレクションに実体がないためでした．ということは，「samples」コレクションを先に「実体化」しておけば，同じオブジェクトの生成は避けられるはずです（その代わり，メモリを余計に消費します）．

　それには，Mainメソッドをリスト7.3のように変更します（太字の部分）．Select拡張メソッドを呼び出している部分の後ろにToList拡張メソッドの呼び出しを追加し，その返り値を受ける変数「sample」の型をList<Sample>に変えただけです（コードの全体は第7.3節をご覧ください）．

リスト7.3　ToListメソッドを使った「実体化」したコレクションの再利用

```
static void Main(string[] args)
{
  // 冒頭に「using static System.Console;」が必要

  //「Sample.csv」ファイルから1行ずつ最後まで読み込む
  IEnumerable<string> lines = File.ReadLines(@".\sample.csv");
  WriteLine("※ReadLines完了");

  // CSVファイルの各行からSampleオブジェクトを作る
  // ※ここでいったん「実体化」する
  List<Sample> samples
    = lines.Select(line => CreateFromCsvLine(line))
           .ToList(); // ⇒「[1] Select:……」
  WriteLine("※Select完了");

  // Kindが「A」のデータだけを抜き出す
```

```
    IEnumerable<Sample> selectedA
      = samples.Where(s => IsKindA(s)); // ⇒「[2] Where: ……」
    WriteLine("※Where完了");

    // Valueを合計する
    int sumA = selectedA.SumValues(); // ⇒「[3] Sum: ……」
    WriteLine("※Sum完了");

    WriteLine($"Aだけの合計は {sumA}");

    // 続けて，Kindが「B」のデータだけを抜き出して合計する
    WriteLine();
    WriteLine("残りのデータも合計する");

    // Kindが「A」ではないデータだけを抜き出す
    IEnumerable<Sample> selectedB
      = samples.Where(s => !IsKindA(s));
    WriteLine("※Where完了");

    // Valueを合計する
    int sumB = selectedB.SumValues();
    WriteLine("※Sum完了");

    WriteLine($"Bだけの合計は {sumB}");
#if DEBUG
    ReadKey();
#endif
  }
```

このように変えたことで，「samples」コレクションはすべての値を実際に保持するようになります．そのタイミングは，ToListメソッドの実行中です．つまり，コンソールに「※Select完了」と表示される前に「実体化」は完了しています．

コンソールへの出力結果を次に示します（第5.8節のリスト5.9の出力と比較してください）．

7.7 ToList メソッドのメリット

コンソール出力

```
※ReadLines完了
[1] Select: A, 100
[1] Select: B, 200
[1] Select: A, 300
※Select完了
※Where完了
※SumValues開始
[2] Where: A, 100 (True)
[3] Sum: A, 100 <sum=100>
[2] Where: B, 200 (False)
[2] Where: A, 300 (True)
[3] Sum: A, 300 <sum=400>
※SumValues終了
※Sum完了
Aだけの合計は 400

残りのデータも合計する
※Where完了
※SumValues開始
[2] Where: A, 100 (True)
[2] Where: B, 200 (False)
[3] Sum: B, 200 <sum=200>
[2] Where: A, 300 (True)
※SumValues終了
※Sum完了
Bだけの合計は 200
```

確かに,「※Select完了」と表示される前に「[1] Select: ……」が連続して3回実行されています。ToList メソッドの中ですべての「Sample」オブジェクトが生成されているのです(即時実行)。そして,その後の処理は以前と同様に「※SumValues開始」の後になってから実行されています。ただしそこでは,もう「[1] Select: ……」が実行されることはありません。

このように,後から再利用するコレクションは,ToList / ToArray メソッドなどを使って「実体化」しておくと計算量を減らすことができるのです。

7.3 「ToListメソッドの罠」のコード

本章で使ったソースコードを紹介しておきます．Visual Studio 2015 で作成しています[*32]．

作成したプロジェクトのうち，「`Program.cs`」ファイルだけを編集します．コードを編集するには，ソリューションエクスプローラーで［Program.cs］を選択します．以下，「`Program.cs`」ファイルの内容を掲載します．

リスト7.4 「7.1：ToListメソッドのデメリット」

```csharp
using System;
using System.Collections.Generic;
using System.Linq;
using static System.Console;   // C# 6 の機能

class Program
{
  static void WriteTotalMemory(string header)
  {
    var totalMemory = GC.GetTotalMemory(true) / 1024.0 / 1024.0;
    WriteLine($"{header}: {totalMemory:0.0 MB}");
  }

  //「7.1：ToListメソッドのデメリット」
  static void Main(string[] args)
  {
    // 1 ～ 100万（100万個）の整数を持つ配列（約4MB）
    int[] numbers = Enumerable.Range(1, 1000000).ToArray();
    WriteTotalMemory("配列確保後");
    WriteLine($"配列の要素数：{numbers.Length}\n");

    // 偶数だけを取り出したコレクションを得る（2MBほど消費する？）
    IEnumerable<int> evenNumbers = numbers.Where(n => n % 2 == 0);
    WriteTotalMemory("偶数だけ取り出した後");

    // ToListを使う
    List<int> evenNumbersList = evenNumbers.ToList();
    WriteTotalMemory("ToList後");
```

[*32] Visual Studio 2015 をインストールしてコンソールプログラム用のプロジェクトを作るまでの手順は，付録をご覧ください．

```
    // 平均値を求める
    var ave = evenNumbersList.Average();
    WriteTotalMemory("計算後 (LINQ) ");
    WriteLine($"偶数だけの平均値 (LINQ) : {ave}");

#if DEBUG
    ReadKey();
#endif
  }
}
```

次のリスト 7.5 には，第 5.9 節と同じ「sample.csv」ファイルが必要です．

リスト7.5「7.2：ToListメソッドのメリット」

```
using System.Collections.Generic;
using System.IO;
using System.Linq;
using static System.Console;   // C# 6 の機能

public class Sample
{
  public string Kind { get; set; }
  public int Value { get; set; }
}

public static class SapmleExtensions
{
  public static int SumValues(this IEnumerable<Sample> samples)
  {
    WriteLine("※SumValues開始");

    int sum = 0;
    foreach (var s in samples)
    {
      sum += s.Value;
      WriteLine($"[3] Sum: {s.Kind}, {s.Value} <sum={sum}>");
    }
```

```csharp
      WriteLine("※SumValues終了");
      return sum;
    }
}

class Program
{
    static Sample CreateFromCsvLine(string line)
    {
        WriteLine($"[1] Select: {line}");

        // カンマで分解する
        string[] items = line.Split(',');

        // Sampleオブジェクトを作って返す
        return new Sample()
        {
            Kind = items[0].Trim(),
            Value = int.Parse(items[1].Trim()),
        };
    }

    static bool IsKindA(Sample s)
    {
        bool isKindA = s.Kind == "A";
        WriteLine($"[2] Where: {s.Kind}, {s.Value} ({isKindA})");
        return isKindA;
    }

    // 「7.2：ToListメソッドのメリット」
    static void Main(string[] args)
    {
        // 「Sample.csv」ファイルから1行ずつ最後まで読み込む
        IEnumerable<string> lines = File.ReadLines(@".\sample.csv");
        WriteLine("※ReadLines完了");

        // CSVファイルの各行からSampleオブジェクトを作る
        // ※ここでいったん「実体化」する
        List<Sample> samples
            = lines.Select(line => CreateFromCsvLine(line))
```

```
            .ToList(); // ⇒ 「[1] Select:……」
    WriteLine("※Select完了");

    // Kindが「A」のデータだけを抜き出す
    IEnumerable<Sample> selectedA
      = samples.Where(s => IsKindA(s)); // ⇒ 「[2] Where: ……」
    WriteLine("※Where完了");

    // Valueを合計する
    int sumA = selectedA.SumValues(); // ⇒ 「[3] Sum: ……」
    WriteLine("※Sum完了");

    WriteLine($"Aだけの合計は {sumA}");

    // 続けて，Kindが「B」のデータだけを抜き出して合計する
    WriteLine();
    WriteLine("残りのデータも合計する");

    // Kindが「A」ではないデータだけを抜き出す
    IEnumerable<Sample> selectedB
      = samples.Where(s => !IsKindA(s));
    WriteLine("※Where完了");

    // Valueを合計する
    int sumB = selectedB.SumValues();
    WriteLine("※Sum完了");

    WriteLine($"Bだけの合計は {sumB}");

#if DEBUG
    ReadKey();
#endif
  }
}
```

Chapter 8 LINQ の仕組み

 ここまでコードを試しつつ読み進んでいただいた皆様には,「**LINQ とは,IEnumerable<T> 型の性質をうまく使った拡張メソッドの集合体なんだな**」というイメージを納得しながらつかんでいただけたかと思います.
 この章では,IEnumerable<T> インターフェイスとそれを支えている .NET Framework の仕組みについてまとめてみます.また,ここまでに登場していなかった LINQ のもう 1 つのインターフェイスについても紹介します.

8.1 IEnumerable<T> インターフェイス

 IEnumerable<T> インターフェイスの仕組みは第 6.2 節でも簡単に紹介しましたが,もう少し詳しく構造を描くと図 8.1 のようになります.
 IEnumerable<T> 型は **GetEnumerator** メソッドを持っていて,それは **IEnumerator<T>** 型のオブジェクトを返します.
 IEnumerator<T> 型は **MoveNext** メソッドと読み出し専用の **Current** プロパティを持っていて,それらを使って foreach ループは値を列挙できます.さらに,IEnumerator<T> 型には **Reset** メソッドがあって,これを呼び出すと列挙状態を初期化(すなわち,はじめからやり直し)できます.なお,IEnumerator<T> 型には保持しているオブジェクトを解放する **Dispose** メソッド(= IDisposable インターフェイスの実装)もありますが,foreach ループを抜けるときに自動的に呼び出されます[*33].

[*33] 第 6.2 節の「リスト 6.2 : foreach 文と同等のコード」には,簡単にするために Dispose メソッドの呼び出しを入れていません.本来は,IEnumerator<T> オブジェクトを取得した後の部分を try 句で囲って,最後に finally 句の中で Dispose する必要があります.

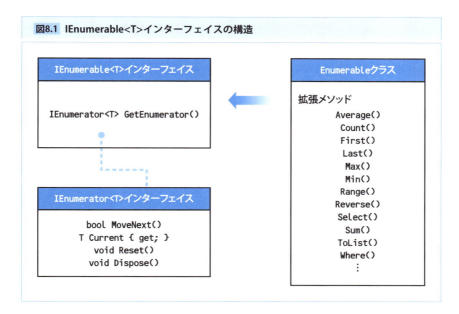

図8.1 IEnumerable<T>インターフェイスの構造

　IEnumerator<T> 型の Current プロパティは読み出し専用だということを，ここで強調しておきましょう．書き込みはできません．つまり，元のデータを変更することはできないのです．それは，データの実体を持たずにその場で計算するという IEnumerable<T> 型の特徴とも一致します（データの実体を持っていないのですから，それは変更しようがないですね）．なお，IEnumerator<T> 型を継承したインターフェイスやクラスには，たとえば IList<T> 型のようにデータを変更できるものもあります．

　さて，IEnumerable<T> 型に話を戻すと，これは GetEnumerator メソッドしか持っていません．しかしながら，Enumerable クラスに豊富な拡張メソッド（⇒ 第 2 部 第 5.2 節）が用意されており，それらを IEnumerable<T> 型が持っているメソッドのように使えます．ここで，**拡張メソッドにしているのは，.NET Framework ではクラスの多重継承ができないから**です．たとえば，IEnumerable<T> 型を実装した抽象クラス「AbstractEnumerable<T>」を作り，そのインスタンスメソッドとして Where メソッドなどを実装したとします．一見それでもよさそうですが，しかし「AbstractEnumerable<T>」クラスを継承するクラスは，もはやそれ以外のクラスを継承することはできなくなります．インターフェイスに対して拡張メソッドを定義するやり方ならば，そんな不都合はありません．

Chapter 6 LINQ の仕組み

　さて，IEnumerable<T> の仕組みが持っている MoveNext メソッドと Current プロパティは，ループを分解 / 再構築する（＝遅延実行する）仕組みでした．そのほかに，LINQ を支える仕組みとして重要なものが 3 つあります（ここまで出てきていないものもありますが，いずれも詳しくは第 2 部で説明します）．

- ループの中で行う処理をオブジェクトとして拡張メソッドの引数に渡すための「**ラムダ式**」（→ 第 2 部 第 2 章）
- どんなものを収めたコレクションでも扱える「**ジェネリックコレクション**」（→ 第 2 部 第 4.1 節）
- Select 拡張メソッドで別の型を生成するときにあらかじめクラスを定義していなくてもよい「**匿名型**」（→ 第 2 部 第 5.3 節）（ここまで出てきていない）

　これらの仕組みによって，LINQ はとても強力なものになっているのです．本書では LINQ マジックを解き明かすため IEnumerable<T> インターフェイスに重点を置いて説明していますが，LINQ を使いこなすにはこれらの仕組みにも習熟する必要があります．

6.7 IQueryable<T> インターフェイス

　もう 1 つ，ここまでに紹介してこなかった仕組みがあります．「**LINQ プロバイダー**」と呼ばれるもので，IEnumerable<T> インターフェイスに似た **IQueryable<T> インターフェイス**を実装しています．LINQ プロバイダーは，データベースサーバーや Web サービスからデータを取得するといった用途で使われます．

　コレクション（IEnumerable<T> インターフェイス）は，拡張メソッドから要求されたときに，コレクションのデータを先頭から順に渡すだけでした．対して LINQ プロバイダーは，**拡張メソッドの引数に渡されたラムダ式を解析します**．そして**適切なデータの取得方法を決定**（たとえばデータベースサーバーへの SQL 文を生成）**してそれを実行し，得られた結果を順に拡張メソッドへ渡します．必要なデータだけを取得 / 生成するので，効率良く処理できます**．

　ここでは，この IQueryable<T> インターフェイスについて説明しましょう．話は IEnumerable<T> インターフェイスから始まります．

　たとえば第 5.6 節では，CSV ファイルを読み込んでから「Sample」オブジェクトを作り，それから Where 拡張メソッドを使って絞り込みました．メソッド

8.2 IQueryable<T> インターフェイス

チェーンにして 1 行で書くと，次のリスト 8.1 のような処理でした．

リスト8.1 CSVファイルを処理するコード（メソッドチェーン版）

```
int sum = File.ReadLines(@".¥sample.csv")
            .Select(line => CreateFromCsvLine(line))
            .Where(s => IsKindA(s)).Sum(s => s.Value);
```

このコードでは，`ReadLines` メソッドが CSV ファイルから読み込んだすべての行をコレクション（`IEnumerable<T>` インターフェイス）として返しています．続く `Select` 拡張メソッドの引数に渡した「`CreateFromCsvLine`」メソッドが，読み込んだすべての行に対して「`Sample`」オブジェクトを生成しています．でもそれは「もったいない」と思いませんか？ ファイルから 1 行読み込んで, 条件に合っているときだけ「`Sample`」オブジェクトを生成できれば，効率が良くなります．そのようなメソッド「`ReadA`」を持つクラス「`SampleCsvReader`」を考えてみましょう（→ リスト 8.2）．

リスト8.2 Sample.csvを読み込んで，Kind=Aのときだけ「Sample」オブジェクトを生成するクラス

```
// メソッド定義
IEnumerable<Sample> SampleCsvReader.ReadA()

// 使用例
int sum = new SampleCsvReader(@".¥sample.csv")
            .ReadA()
            .Sum(s => s.Value);
```

この「`SampleCsvReader`」クラスの「`ReadA`」メソッドは，読み込んだ行の先頭が「`A`」のときだけ「`Sample`」オブジェクトを生成してくれるものだとします．無駄なオブジェクトを生成しない分だけ効率が良いわけです．しかしこれでは，絞り込み条件を変えたいときには，「`SampleCsvReader`」クラスに新しいメソッドを追加しなければなりません（この時点では，「`SampleCsvReader`」クラスはまだ LINQ プロバイダーになっていません）．

これが次のリスト 8.3 のように書けたとしたら，どれだけ便利でしょう．

リスト8.3 LINQプロバイダーの使用例

```
// リスト8.2と同様だが，絞り込み条件を後から自由に指定できる
// LINQプロバイダー版「SampleCsvReader」クラスの使用例
int sum = new SampleCsvReader(@".¥sample.csv")
            .Where(k => k == "A")
            .Sum(s => s.Value);
```

「SampleCsvReader」クラスが「Sample」オブジェクトを生成するときの条件を Where 拡張メソッドとして与えています．条件を変えたければ，Where 拡張メソッドに与えるラムダ式を変えればよいのです．たとえばラムダ式を「k => k == "B"」に変えれば，「SampleCsvReader」クラスは Kind = B の「Sample」オブジェクトだけを生成してくれます．

この使用例の Where 拡張メソッドは，これまでのものとは別のメソッドです．本書では，ここまで Enumerable クラスの Where 拡張メソッドだけを使ってきましたが，この使用例のものは Queryable クラスの Where 拡張メソッドです．つまり，**IQueryable<T> インターフェイス用の Where 拡張メソッド**です．記述方法は Enumerable クラスのものと同じですが，機能が異なります．この使用例では，「SampleCsvReader」クラスに対する指示をしています．

つまり，実行時に「SampleCsvReader」クラスは Where 拡張メソッドの条件に従って必要な「Sample」オブジェクトだけを生成するように作ります．この不思議な「SampleCsvReader」クラスが LINQ プロバイダーであり，そのマジックは IQueryable<T> インターフェイスを実装することで実現されるのです．

もう1つ使用例を挙げておきましょう．「**LINQ to SQL**」という LINQ プロバイダーがあります（⇒ 第3部 第2.2節）．これは SQL Server にアクセスするためのものですが，次のリスト 8.4 のような使い方をします[*34].

リスト8.4 LINQ to SQLの使用例

```
// 使用例
Northwnd sqlDB = new Northwnd(@"northwnd.mdf");
IQueryable<Customer> companyNameQuery
  = sqlDB.Customers
        .Where(cust => cust.City == "New York")
```

[*34] リスト 8.4 は，MSDN ドキュメント「LINQ to SQL：Getting Started」(**https://msdn.microsoft.com/ja-jp/library/bb399398.aspx**) 所載のコードを，「Microsoft Limited Public License」(⇒ p.347) に基づき，クエリ構文から拡張メソッド構文に変更して掲載しています．

```
            .Select(cust => cust.CompanyName);

foreach (var companyName in companyNameQuery)
    Console.WriteLine(companyName);
```

　この例では,「sqlDB.Customers」が IQueryable<T> 型です. Queryable クラスの拡張メソッドをチェーンする限りは IQueryable<T> 型のままです(ここまでの IEnumerable<T> 型が Enumerable クラスの拡張メソッドでチェーンする限り IEnumerable<T> 型のままであるのと同様です). そして,実行時には foreach 文に来たときに「sqlDB.Customers」の LINQ 拡張メソッドが遅延実行されます. そのときに「sqlDB.Customers」は, Where 拡張メソッドと Select 拡張メソッドで指定されたラムダ式から SQL 文を組み立てて, SQL Server に問い合わせをするのです.

　もしも LINQ to SQL がこのような IQueryable<T> インターフェイスを実装していなかったとしたら, たいへんなことになります. この使用例の「sqlDB.Customers」は, データベースの全レコードを読み取ることになってしまいます. とんでもない量のネットワークトラフィックが発生しかねません.

　なお, **AsEnumerable 拡張メソッド**というものがあります. これを使うことで IQueryable<T> 型を IEnumerable<T> 型に変換できます. メソッドチェーンの途中で IEnumerable<T> 型に変換すれば, その後ろに Enumerable クラスにしかない拡張メソッドをつなげられます.

　簡単な LINQ プロバイダーの実装方法を第 12 章で解説します.

Chapter 9 別の書き方——クエリ式

　LINQ 拡張メソッドの一部は，「**クエリ式**」（**宣言クエリ構文**）という別の書き方でもコーディングできます（これに対して，ここまでの本書で示してきた LINQ 拡張メソッドをそのまま書くやり方を「**メソッド構文**」と呼びます）．ここまで紹介してこなかったのは，クエリ式では LINQ を活用し切れないからです．メソッド構文は必須ですが，クエリ式は読めれば十分です．

　たとえば，第 2.3.2 項の偶数だけを取り出すコードは，クエリ式で次のようにも書けます．

リスト9.1 偶数だけを取り出すコード（LINQ拡張メソッドとクエリ式）

```
// LINQ拡張メソッド
var results = numbers.Where(n => n % 2 == 0);
WriteNumbers(results, "偶数だけ（LINQ）");
//【出力】
// 偶数だけ（LINQ）: 2 4 6 8 10

// クエリ式
var results = from n in numbers
              where n % 2 == 0
              select n;
WriteNumbers(results, "偶数だけ（クエリ式）");
//【出力】
// 偶数だけ（クエリ式）: 2 4 6 8 10
```

　クエリ式は SQL 文に似ているので，SQL に親しんでいる開発者には取っ付きやすいでしょう．また，ラムダ式の記法を意識せずに済むのもメリットかも

Chapter 9 別の書き方——クエリ式

しれません.

クエリ式は,コンパイル時に LINQ 拡張メソッドを使ったコードに変換されるので,**どちらの書き方をしても同じ**です.好きな書き方を選んでいただいてかまいません.

ただし,**LINQ 拡張メソッドのすべてがクエリ式で書けるわけではありません**.そのような場合は,LINQ 拡張メソッドを使った書き方と混在させることになります.たとえば,第 5.6 節のコード(リスト 5.8)では合計する拡張メソッドを使いましたが,それはクエリ式にありません[*35].そこで,次のリスト 9.2 のように,クエリ式の後ろに拡張メソッドをチェーンするような書き方をします.

リスト9.2 CSVファイルを処理するコード(LINQ拡張メソッドとクエリ式)

```
// LINQ拡張メソッド(第5.6節のコードを改変)
int sum = File.ReadLines(@".\sample.csv")
        .Select(line => CreateFromCsvLine(line))
        .Where(sample => IsKindA(sample))
        .Sum(s => s.Value);

// クエリ式(ただし,Sumメソッドはクエリ式にないので,
// メソッドチェーンにする)
int sum
  = (
      from line in File.ReadLines(@".\sample.csv")
      select CreateFromCsvLine(line) into sample
      where IsKindA(sample)
      select sample
    )
    .Sum(s => s.Value);
```

このコードは読みづらいですね.クエリ構文を考えながら読み進んでいって,途中からメソッド構文に頭を切り替えなければなりませんから.LINQ の記述は,メソッド構文に統一しておくことをお勧めします.

クエリ式では,次のような処理を行えます(なお,LINQ 拡張メソッドの一覧は第 3 部第 1 章表 1.1 にあります).

- **from**:処理対象のコレクションを指定する.クエリ式は,この from 句か

[*35] リスト 5.8 では独自の拡張メソッド「SumValues」を使いましたが,標準の LINQ 拡張メソッド Sum もクエリ式にはありません.

ら始まる
- **where**：LINQ 拡張の Where メソッドにコンパイルされる．条件に合ったオブジェクトを取り出すために使う
- **select**：LINQ 拡張の Select メソッドにコンパイルされる．オブジェクトを別のオブジェクトに変換するために使う．クエリ式の末尾は，この select 句か group 句で終わらなければならない
- **group**：LINQ 拡張の GroupBy メソッドにコンパイルされる．指定したキーに紐付けてグループ化するために使う．クエリ式の末尾は，select 句かこの group 句で終わらなければならない
- **orderby**：LINQ 拡張の OrderBy / OrderByDescending / ThenBy / ThenByDescending メソッドにコンパイルされる．オブジェクトを並び替えるために使う
- **join**：LINQ 拡張の Join / GroupJoin メソッドにコンパイルされる．2 つのコレクションを，指定したキーで紐付けて結合するために使う
- **let**：クエリ式の中間結果を変数に保存する．LINQ 拡張メソッドで Select メソッドが二重になる場合に使う

Chapter 10 LINQ 拡張メソッドの作り方

ここまでで，LINQ の使い方に相当慣れたと思います．LINQ マジックの仕組みも理解できました．次のステップは，LINQ を提供する側になることです．

本章では，独自の LINQ 拡張メソッドの作り方を解説します．

10.1 独自の LINQ 拡張メソッドとは？

独自の LINQ 拡張メソッドは，すでに第 3.6.2 項や第 5.5 節で作ってきました．その厳密な定義はありませんが，本書では「LINQ のメソッドチェーンに使える独自のメソッド」といった意味合いで使っています．そのためには，次のような性質を持っていなければなりません．

- **拡張メソッドである**（→ 第 2 部第 1 章）
- **入力は IEnumerable<T> 型または IQueryable<T> 型である**
- **返り値は IEnumerable<T> 型 / IQueryable<T> 型またはスカラーである**
- **IEnumerable<T> 型 / IQueryable<T> 型を返す場合は必要とされたときに実行される（遅延実行される）こと**（→ 第 6.3 節）

「スカラー」（単独の数値またはオブジェクト）というのは，Sum 拡張メソッドなどのように，メソッドチェーンの最後に使って集計結果などの値を返す場合の返り値です．返り値がスカラーの場合，第 5.5 節で作った「SumValues」メソッドのように，遅延実行を考えなくてよい（メソッドチェーンの末尾なので遅延実行のトリガーになればよい）ので，foreach ループを使って目的とする処理を行うだけでよいのです．

以降では，IEnumerable<T> 型を受け取って IEnumerable<T> 型を返す拡張メ

ソッドを考えていきます．

10.2 LINQを使うLINQ拡張メソッド

　ごく簡単な拡張メソッドを考えます．数値のコレクションを受け取り，指定された値よりも小さい数値だけを抜き出して返す「LessThan」拡張メソッドを作りましょう．

　まず，標準のWhere拡張メソッドを使って書いてみると，次のリスト10.1のようになります（コードの全体は第10.5節を参照してください）．

リスト10.1　標準のWhere拡張メソッドで書いてみる

```
// 数値のコレクション
IEnumerable<int> numbers = Enumerable.Range(0, 10);
double[] doubles = { 0.0, 1.0, 2.5, 3.9, 4.0, 4.1, };

// 標準のLINQ拡張メソッド（Where）を使う
IEnumerable<int> evens1 = numbers.Where(n => n < 4 );
IEnumerable<double> evens2 = doubles.Where(n => n < 4.0);
```

　上のWhere拡張メソッドの部分を「LessThan」拡張メソッドとして切り出したいのです．

　これはLINQを使うと，次のリスト10.2のように簡単に書けます．上のコードのメソッドチェーン内にあったWhere拡張メソッドの部分を切り出しただけですね[*36]．

リスト10.2　LINQを使って独自の拡張メソッドを書く

```
// LINQを使った「LessThan」拡張メソッド
public static class MyLinqExtensions
{
  public static IEnumerable<T> LessThan<T>(
                              this IEnumerable<T> numbers,
                              T threshold) where T : IComparable
  {
    return numbers.Where(n => n.CompareTo(threshold) < 0);
```

[*36] ジェネリックな拡張メソッドにするため，不等号を使った比較「n < 4」を，IComparableインターフェイスを使った比較「n.CompareTo(threshold) < 0」に変更しています．

```
    }
}

// その使用例
IEnumerable<int> evens1 = numbers.LessThan(4);
IEnumerable<double> evens2 = doubles.LessThan(4.0);
```

しかし，これではあまり現実味がありません．そもそも，実際に独自のLINQ拡張メソッドを作りたい場面というのは，既存のLINQ拡張メソッドの組み合わせではできないことがあるケースです．

10.3 foreachを使うLINQ拡張メソッド

そこで，独自のLINQ拡張メソッドの中で，標準のLINQ拡張メソッドを使わないようにしてみましょう．foreachループで回して，条件判定を入れて……，さてどうしましょうか？ とりあえず次のようなコードが考えられそうです．

リスト10.3 LINQを使わずに独自の拡張メソッドを書く（失敗作）

```
// LINQを使わない「LessThan」拡張メソッド（遅延実行しない）
public static IEnumerable<T> LessThan<T>(
                        this IEnumerable<T> numbers,
                        T threshold) where T : IComparable
{
  List<T> result = new List<T>();
  foreach (var n in numbers)
  {
    if (n.CompareTo(threshold) < 0)
      result.Add(n);
  }
  return result;
}
```

しかし，これは失敗作です．これでも結果は正しくなりますが，第10.1節で述べた独自のLINQ拡張メソッドの条件を満たしていません．なぜなら，メソッド中でListクラスのインスタンスを作って，それを返していますから，メソッドが呼び出されたときに（後続の処理が必要としているかどうかにかかわらず）すべて実行してしまいます（遅延実行になっていないということです）．

遅延実行させるには，第 8.1 節で説明したように IEnumerable<T> インターフェイスと IEnumerator<T> インターフェイスを実装したクラスが必要になります．作ろうとしている「LessThan」拡張メソッドのほかに IEnumerator<T> インターフェイスを実装したクラスも作らなければなりませんが，それはどちらも面倒な作業になります．ですが安心してください．本書ではそんな難しいことは説明しません．そのようなクラスは，**コンパイラーが自動生成してくれる**のです[*37]．

その代わりに，foreach ループと yield return 文（⊃ 第 2 部 第 4.2 節）を組み合わせて記述すればよいのです（⊃ リスト 10.4）．上のリスト 10.3 で List コレクションに追加しているところ（「result.Add(n)」の部分）を **yield return 文**に置き換えます．すると List コレクションそのものが不要になります．また，メソッドの最後の「return result;」も不要になります．

リスト10.4 LINQを使わずに独自の拡張メソッドを書く（成功作）

```
// LINQを使わない「LessThan」拡張メソッド（正しく遅延実行する）
public static IEnumerable<T> LessThan<T>(
                            this IEnumerable<T> numbers,
                            T threshold) where T : IComparable
{
  foreach (var n in numbers)
  {
    if (n.CompareTo(threshold) < 0)
      yield return n;
  }
}
```

このように，独自の LINQ 拡張メソッドを作るには，foreach ループの中で処理を行い，yield return でループごとに結果を返していきます．foreach ループを最後まで回す前に打ち切りたいときは，**yield break 文**を使います．

なお，実行時には，最後の yield return 文や yield break 文の後に置かれた文は実行されませんので，そこに Dispose メソッドの呼び出しを書いてもリソースは解放されません．正しくリソースを解放するには，using 句を使うか，try ～ finally ブロックを使います．

[*37] 成功した LessThan<T> メソッドの返り値の型を確認してみてください．LessThan<T> メソッドの結果に対して GetType メソッドを呼び出し，その Name プロパティを調べます．すると，「<LessThan>d__3`1」のような，書いた覚えのない型名になっていることがわかります．

10.4 ラムダ式を受け取るLINQ拡張メソッド

　標準の LINQ 拡張メソッドのようにラムダ式を受け取る拡張メソッドを作るには，拡張メソッドの 2 番目の引数としてデリゲートを指定します（本来は，呼び出すときの 2 番目の引数にはデリゲートを渡さなければならないのですが，ラムダ式を渡すようにコーディングしても，コンパイラーが自動的にラムダ式をデリゲートに変換してくれます）．

　例として，コレクションの要素を「"」で囲んだ文字列に変換する拡張メソッドを考えてみましょう．これは，与えられたラムダ式に合致する場合だけ文字列を返すものとします（⇒ リスト 10.5）．

リスト10.5　ラムダ式を受け取るLINQ拡張メソッド

```csharp
// ラムダ式で与えられた条件を満たすときだけ，数値を文字列にして「"」で囲む
public static IEnumerable<string> ToQuotedString<TSource>(
                                    this IEnumerable<TSource> numbers,
                                    Func<TSource, bool> predicate
                                    ) where TSource : IFormattable
{
  foreach (var n in numbers)
  {
    bool match = predicate(n);
    if (match)
      yield return $"¥"{n.ToString()}¥"";
  }
}
```

　ここでは，`foreach` ループの中で，与えられたデリゲート「`predicate`」を実行して，その結果によって値を返す / 返さないを決めています．

10.5 「LINQ拡張メソッドの作り方」のコード

　本章で使ったソースコードを紹介しておきます．Visual Studio 2015 で作成しています[38]．

　作成したプロジェクトのうち，「`Program.cs`」ファイルだけを編集します．

---

[38] Visual Studio 2015 をインストールしてコンソールプログラム用のプロジェクトを作るまでの手順は，付録をご覧ください．

コードを編集するには，ソリューションエクスプローラーで［Program.cs］を選択します．以下，「`Program.cs`」ファイルの内容を掲載します．

リスト10.6 「LINQ拡張メソッドの作り方」のコード

```
using System;
using System.Collections.Generic;
using System.Linq;
using static System.Console;    // C# 6 の機能

// 拡張メソッドのためのクラス
public static class MyLinqExtensions
{
  //「10.2：LINQを使うLINQ拡張メソッド」
  public static IEnumerable<T> LessThan1<T>(
                          this IEnumerable<T> numbers,
                          T threshold) where T : IComparable
  {
    return numbers.Where(n => n.CompareTo(threshold) < 0);
  }

  //「10.3：foreachを使うLINQ拡張メソッド」（その1－失敗）
  public static IEnumerable<T> LessThan2<T>(
                          this IEnumerable<T> numbers,
                          T threshold) where T : IComparable
  {
    List<T> result = new List<T>(); // ←「ToListの罠」
    foreach (var n in numbers)
    {
      if (n.CompareTo(threshold) < 0)
        result.Add(n);
    }
    return result;
  }

  //「10.3：foreachを使うLINQ拡張メソッド」（その2－成功）
  public static IEnumerable<T> LessThan3<T>(
                          this IEnumerable<T> numbers,
                          T threshold) where T : IComparable
  {
```

```csharp
    foreach (var n in numbers)
    {
      if (n.CompareTo(threshold) < 0)
        yield return n;
    }
  }

  // 「10.4：ラムダ式を受け取るLINQ拡張メソッド」
  // 与えられた条件を満たすときだけ，数値を文字列にして「"」で囲む
  public static IEnumerable<string> ToQuotedString<TSource>(
                            this IEnumerable<TSource> numbers,
                            Func<TSource, bool> predicate
                            ) where TSource : IFormattable
  {
    foreach (var n in numbers)
    {
      bool match = predicate(n);
      if (match)
        yield return $"¥"{n.ToString()}¥"";
    }
  }
  // 注：実際にはラムダ式不要の拡張メソッドも用意しておくべき
  public static IEnumerable<string> ToQuotedString<TSource>(
                            this IEnumerable<TSource> numbers
                            ) where TSource : IFormattable
  {
    foreach (var n in numbers)
      yield return $"¥"{n.ToString()}¥"";
  }
}

// プログラム本体
class Program
{
  // コレクション内のすべての要素を表示するメソッド（第2.1節参照）
  private static void WriteNumbers<T>(IEnumerable<T> items, string header)
  {
    Write($"{header}:");
    foreach (var n in items)
      Write($" {n}");
```

```csharp
    WriteLine();
}

static void Main(string[] args)
{
    // 数値のコレクション
    IEnumerable<int> numbers = Enumerable.Range(0, 10);
    double[] doubles = { 0.0, 1.0, 2.5, 3.9, 4.0, 4.1, };

    // 標準のLINQ拡張メソッド (Where) を使う
    {
        IEnumerable<int> evens1 = numbers.Where(n => n < 4 );
        IEnumerable<double> evens2 = doubles.Where(n => n < 4.0);
        WriteNumbers(evens1, "Where (int) ");
        WriteNumbers(evens2, "Where (double) ");
    }

    WriteLine();

    //「10.2：LINQを使うLINQ拡張メソッド」
    {
        IEnumerable<int> evens1 = numbers.LessThan1(4);
        IEnumerable<double> evens2 = doubles.LessThan1(4.0);
        WriteNumbers(evens1, "LessThan1 (int) ");
        WriteNumbers(evens2, "LessThan1 (double) ");
    }

    WriteLine();

    //「10.3：foreachを使うLINQ拡張メソッド」(その1－失敗)
    {
        IEnumerable<int> evens1 = numbers.LessThan2(4);
        IEnumerable<double> evens2 = doubles.LessThan2(4.0);
        WriteNumbers(evens1, "LessThan2 (int) ");
        WriteNumbers(evens2, "LessThan2 (double) ");

        // 結果は正しく出るが……

        WriteLine($"evens1の型は{evens1.GetType().Name}");
        //【出力】
```

10.5「LINQ 拡張メソッドの作り方」のコード

```csharp
        // evens1の型はList`1
        // ※これはList<T>型だということ
    }

    WriteLine();

    //「10.3：foreachを使うLINQ拡張メソッド」(その2-成功)
    {
        IEnumerable<int> evens1 = numbers.LessThan3(4);
        IEnumerable<double> evens2 = doubles.LessThan3(4.0);
        WriteNumbers(evens1, "LessThan3 (int) ");
        WriteNumbers(evens2, "LessThan3 (double) ");

        WriteLine($"LessThan3<int>メソッドが返す型：
                                        ➡{evens1.GetType().Name}");
        //【出力】
        // LessThan3<int>メソッドが返す型：<LessThan3>d__3`1
        // ※これは自動生成されたクラス
    }

    WriteLine();

    //「10.4：ラムダ式を受け取るLINQ拡張メソッド」
    {
        IEnumerable<string> result1 = numbers.ToQuotedString(n => n >= 5);
        IEnumerable<string> result2 = doubles.ToQuotedString(d => d < 4.0);
        WriteNumbers(result1, "5以上のint");
        WriteNumbers(result2, "4未満のdouble");
    }

#if DEBUG
    ReadKey();
#endif
    }
}
```

Chapter 11 LINQ データソースの作り方

 前章で独自の LINQ 拡張メソッドを作れるようになりました．では，LINQ 拡張メソッドのチェーンの先頭はどうでしょう？ LINQ を活用した一連の処理に必要なデータを供給する部分です．そのメソッドチェーンの起点を，本書では「LINQ データソース」と呼ぶことにします．

 LINQ データソースは，**`IEnumerable<T>` 型のクラスか，`IEnumerable<T>` 型を返すメソッド / プロパティを持ったクラス**です．たとえば，第 3.4 節では文字列の配列「`sampleData`」が LINQ データソースでした．第 5.6 節で作ったコードでは，`File` クラスの `ReadLines` メソッドが LINQ データソースになっています．

11.1 遅延実行しないLINQデータソースの作り方

 遅延実行しない LINQ データソースの作り方については，特に難しくはないので詳しくは説明しません．クラスの内部にデータの実体を配列や `List<T>` 型コレクションなどとして保持しておき，それを `IEnumerable<T>` 型として返すメソッド / プロパティを実装します．

 例として，偶数を提供する「`EvenNumbers`」クラスを次のリスト 11.1 に示します．このクラスは，偶数を，2，4，6，8，10，……と生成して内部に保持しています（保持する個数はコンストラクターで指定）．そして，「`Numbers`」プロパティが LINQ データソースになっています．

リスト11.1 遅延実行しないLINQデータソースの例

```
public class EvenNumbers
```

```
{
  private List<int> _evenNumbers = new List<int>();

  // コンストラクター
  // 指定された個数の偶数を生成して保持する
  public EvenNumbers(int count)
  {
    for (int n = 1; n <= count; n++)
      _evenNumbers.Add(n * 2);
  }

  // LINQデータソースとなるプロパティ
  // 呼び出し側で値を変更されないように，ReadOnlyCollectionに変換している
  public IEnumerable<int> Numbers
  {
    get
    {
      return new System.Collections.ObjectModel
              .ReadOnlyCollection<int>(_evenNumbers);
    }
  }
}
```

11.2 遅延実行するLINQデータソースの作り方

　遅延実行するタイプの LINQ データソースでは IEnumerable<T> インターフェイスをフルに実装する必要があります．

　それには，第 8.1 節で説明したように，IEnumerable<T> 型のクラスだけでなく，IEnumerator<T> 型のクラス（MoveNext メソッドと Current プロパティを持ちます）まで実装する必要がありそうです．しかし，ご安心ください．「foreach を使う LINQ 拡張メソッド」（➡ 第 10.3 節）と同様に，これも **yield return 文**を使うだけで，コンパイラーが IEnumerator<T> 型のクラスを自動生成してくれます．

　IEnumerable<T> インターフェイスの定義は，次のリスト 11.2 のようになっています[*39]．

[*39] 実際には，IEnumerable<T> インターフェイスは IEnumerable インターフェイスを継承しています．ここでは両者をまとめて表現しています．

リスト11.2　IEnumerable<T>インターフェイスの定義

```
public interface IEnumerable<out T>
{
  IEnumerator GetEnumerator();     // ノンジェネリック版
  IEnumerator<T> GetEnumerator(); // ジェネリック版
}
```

上に示したように，IEnumerable<T>インターフェイスは，ジェネリック版とノンジェネリック版の2つのGetEnumeratorメソッドを実装しなければなりません．ただし，ノンジェネリック版のメソッドは，内部でジェネリック版を呼び出せば済みます．したがって，実際はジェネリック版のGetEnumeratorメソッドだけを実装するだけです．

そして，ジェネリック版のGetEnumeratorメソッドを実装するには，yield return文を使って，LINQデータソースの要素を順に返すコードを書くだけです．

それでは，実際に作ってみましょう．ここでは，第8.2節の途中で考えた，「ReadA」メソッドを持つ「SampleCsvReader」クラスを題材にします．それを少し変えて，次のような「SampleDataSource」クラスを作ります．

- 「SampleDataSource」クラスはIEnumerable<Sample>インターフェイスを実装する
- 「SampleDataSource」クラスはnewキーワードではインスタンスを作れないようにする．代わりに，「ReadA」メソッドのようなインスタンスを生成する静的メソッドを提供する
- 「ReadA」メソッドは，「Sample」オブジェクトの「Kind」プロパティが「A」であるものだけのコレクションを返す
- 「ReadA」メソッドの引数としてCSVファイルのパスを与える

まず，IEnumerable<Sample>インターフェイスの実装から取りかかりましょう（→リスト11.3）．

リスト11.3　IEnumerable<Sample>インターフェイスの実装から始める

```
public class Sample // 第5.1節参照
{
  public string Kind { get; set; }
  public int Value { get; set; }
```

```
}

public class SampleDataSource : IEnumerable<Sample>
{
    // IEnumerable<T>の実装
    // ジェネリック版
    public IEnumerator<Sample> GetEnumerator()
    {
        throw new NotImplementedException(); // 未実装
    }
    // ノンジェネリック版
    IEnumerator IEnumerable.GetEnumerator()
    {
        return GetEnumerator(); // ジェネリック版を呼び出すだけ
    }
}
```

　前述したように，`IEnumerable<T>` インターフェイスは2つの `GetEnumerator` メソッドを実装します．ノンジェネリック版のほうは，リスト 11.2 のようにジェネリック版の `GetEnumerator` メソッドを呼び出すだけです．ジェネリック版のほうの実装は後回しにして，先へ進みましょう．

　`new` キーワードでインスタンスを作れないようにするのは，読み取るべき CSV ファイルを与えなければこのクラスは役に立たないからです．第 8.2 節の途中で考えたときには，コンストラクターの引数として CSV ファイルを与えました．しかし，いちいち `new` キーワードを書くのも面倒なので，CSV ファイルを与えるのは「ReadA」静的メソッドにします．

　`new` キーワードでインスタンスを作れないようにするためには，次のリスト 11.4 のようにプライベートなコンストラクターを追加します．

リスト11.4 newキーワードでインスタンスを作れないようにする

```
public class SampleDataSource : IEnumerable<Sample>
{
    ……（省略）……

    private SampleDataSource()
    {
```

```
    }
}
```

　次に,「ReadA」静的メソッドは,引数にCSVファイルのパス文字列を受け取ります.そしてこの「SampleDataSource」クラスのインスタンスを作って返します.ただし,CSVファイルのパス文字列と,ファイルを読み込むときに「Sample」オブジェクトを作るかどうかの基準(Kindが「A」であるという情報)を,「SampleDataSource」インスタンスにセットしておきます(これらの情報は,GetEnumeratorメソッドで「Sample」オブジェクトを列挙するときに必要です).「ReadA」静的メソッドは,次のリスト11.5のように書けます.

リスト11.5 「ReadA」静的メソッドを追加

```
public class SampleDataSource : IEnumerable<Sample>
{
    ……(省略)……

    private string _csvFilePath;
    private string _kind;

    public static SampleDataSource ReadA(string csvFilePath)
    {
        return new SampleDataSource()
                    {
                        _csvFilePath = csvFilePath,
                        _kind = "A",
                    };
    }
}
```

　「ReadA」静的メソッドは,自分自身のインスタンスを作って,引数をそのメンバー変数にセットしているだけです.まだファイルを読み取っていない点に注意してください.遅延実行されるLINQデータソースにしますから,実際にファイルを読むのはGetEnumeratorメソッドが呼び出された後になります.
　それでは,いよいよ心臓部のIEnumerator<Sample>を返す部分を作っていきます.前述したジェネリック版のGetEnumeratorメソッドの中に書いてもよいのですが,プライベートな「GetCsvEnumerator」メソッドとして別に書きましょう.

11.7 遅延実行する LINQ データソースの作り方

　この「GetCsvEnumerator」メソッドは，ファイルを 1 行ずつ読み取り，そのデータの種類が指定されたものだったら，「Sample」オブジェクトを生成して，順に返していきます．foreach ループを回し，ループ末尾では「foreach を使う LINQ 拡張メソッド」（● 第 10.3 節）と同様に **yield return 文**で結果を返していきます（● リスト 11.6）．

リスト11.6　「GetCsvEnumerator」メソッドを追加

```csharp
public class SampleDataSource : IEnumerable<Sample>
{
  …… (省略) ……

  private IEnumerator<Sample> GetCsvEnumerator()
  {
    // 検証用
    WriteLine("GetCsvEnumeratorメソッド開始");

    // 1行ずつ読み込んでループを回す
    foreach (var line in File.ReadLines(_csvFilePath))
    {
      // 検証用
      WriteLine($"Read: {line}");

      // カンマで分解する
      string[] data = line.Split(',');

      // データのKindをチェックする
      string kind = data[0].Trim();
      if (kind != _kind)
        continue;

      // データの数値を取得する
      int value = 0;
      int.TryParse(data[1].Trim(), out value);

      // 検証用
      WriteLine($"Create({kind}, {value})");

      // Sampleオブジェクトを生成して返す
      yield return new Sample(){ Kind = kind, Value = value, };
```

```
    }
  }
}
```

「検証用」とコメントを付けてある部分は，実行時にコンソールへ出力して動作を確かめるためのコードです（実際のプログラムには必要ありません）．

この「`GetCsvEnumerator`」メソッドは，「`foreach`を使うLINQ拡張メソッド」（→第10.3節）と同じような構造をしていますが，メソッドが返す型に注意してください．LINQ拡張メソッドは `IEnumerable<T>` 型を返しましたが，この「`GetCsvEnumerator`」メソッドは `IEnumerator<T>` 型になっています．コンパイラは，返り値の型に応じて適切なクラスを自動生成してくれるのです．

最後に，後回しにしておいたジェネリック版の `GetEnumerator` メソッドの中身を次のリスト11.7のように書き換えて，完成です．完成したコードの全体は第11.3節でご覧ください．

リスト11.7 LINQデータソース「SampleDataSource」クラスの完成

```
public class SampleDataSource : IEnumerable<Sample>
{
  public IEnumerator<Sample> GetEnumerator()
  {
    // throw new NotImplementedException(); // 未実装
    return GetCsvEnumerator();
  }

  ……（省略）……
}
```

それでは，「`SampleDataSource`」クラスを使うコードを書いて，ちゃんとLINQデータソースになっていることを確かめましょう．まずは，単純に `foreach` ループでコンソールに書き出してみます（→リスト11.8）．

リスト11.8 「SampleDataSource」クラスを使うコード-その1

```
var samples = SampleDataSource.ReadA(@".\sample.csv");

WriteLine("1回目");
```

11.7 遅延実行する LINQ データソースの作り方

```
foreach (var s in samples)
  WriteLine($"☆ Kind={s.Kind}, Value={s.Value}");
//【出力】
// 1回目
// GetCsvEnumeratorメソッド開始
// Read: A, 100
// Create(A, 100)
// ☆ Kind = A, Value = 100
// Read: B, 200
// Read: A, 300
// Create(A, 300)
// ☆ Kind = A, Value = 300
```

「Read」（ファイルから 1 行読み込み）→「Create」（「Sample」オブジェクト生成）→「☆」（呼び出した側でコンソールに出力）の順に出力されています．LINQ の特徴であるループの分解 / 再構築（→ 第 6.1 節）が行われています．

また，ファイルの行の先頭が「B」で始まっていたときには，「Read」の後に「Create」が続いていません．第 8.2 節の途中で考えた「ReadA」メソッドの目的，すなわち無駄な「Sample」オブジェクトを生成しないことが実現されています．

また，上のコードに続けて，同じ呼び出しを繰り返してみてください．何回呼び出しても，同じ挙動をします[*40]．

さらに LINQ 拡張メソッドを適用してみましょう．Where 拡張メソッドを使って絞り込んでから，foreach ループでコンソールに書き出してみます（→ リスト 11.9）．

リスト11.9 「SampleDataSource」クラスを使うコード-その2

```
var samples = SampleDataSource.ReadA(@".¥sample.csv");

WriteLine("100より大きいデータを抽出");
var over100 = samples.Where(s =>
                    {
                        WriteLine($"Where:{s.Kind},{s.Value}");
                        return s.Value > 100;
                    });
```

[*40] このテストを忘れてはいけません．2 回目以降の呼び出しでは異なる動きをするコードになっているかもしれません．実際の開発でそのような LINQ データソースを作ってしまうと，使いづらいだけでなく思わぬところでバグを出すことにもなります．

```
WriteLine("foreach開始");
foreach (var s in over100)
  WriteLine($"☆ Kind={s.Kind}, Value={s.Value}");
// 【出力】
// 100より大きいデータを抽出
// foreach開始
// GetCsvEnumeratorメソッド開始
// Read: A, 100
// Create(A, 100)
// Where: A,100
// Read: B, 200
// Read: A, 300
// Create(A, 300)
// Where: A,300
// ☆ Kind = A, Value = 300
```

　ここで，Where 拡張メソッドに渡しているラムダ式がこれまでに登場しなかった形をしていますが，これについては第2部第2章を参照してください．

　出力を見ると，foreach ループを開始してから「GetCsvEnumerator メソッド開始」（＝「SampleDataSource」クラスの GetEnumerator メソッドの本体の実行開始）となっています．この foreach ループを回さなかったとしたら，GetEnumerator メソッドも実行されないわけで，すなわちファイルの読み取りもしないということになります．LINQ の特徴である，「必要になったときに初めて実行される（遅延実行）」（→ 第6.3節）も実現できています．

11.5 「LINQ データソースの作り方」のコード

　本章で使ったソースコードを紹介しておきます．Visual Studio 2015 で作成しています[*41]．

　「遅延実行する LINQ データソースの作り方」用に作成したプロジェクトには，「sample.csv」ファイル（→ リスト 11.10）を追加します（→ 第5.1節）．

リスト11.10　「sample.csv」ファイル（再掲）

```
A, 100
```

[*41] Visual Studio 2015 をインストールしてコンソールプログラム用のプロジェクトを作るまでの手順は，付録をご覧ください．

```
B, 200
A, 300
```

　作成したプロジェクトのうち，「Program.cs」ファイルだけを編集します．コードを編集するには，ソリューションエクスプローラーで［Program.cs］を選択します．以下，「Program.cs」ファイルの内容を掲載します．

リスト11.11　「11.1：遅延実行しないLINQデータソースの作り方」

```
using System.Collections.Generic;
using static System.Console;   // C# 6 の機能

// 遅延実行しないLINQデータソース
// この例は，コンストラクター引数で与えられた個数だけの偶数を，
// 2, 4, 6, 8, ……と生成して内部に保持する
// NumbersプロパティがLINQデータソースになっている
public class EvenNumbers
{
  private List<int> _evenNumbers = new List<int>();

  public EvenNumbers(int count)
  {
    for (int n = 1; n <= count; n++)
      _evenNumbers.Add(n * 2);
  }

  public IEnumerable<int> Numbers
  {
    get
    {
      return new System.Collections.ObjectModel
              .ReadOnlyCollection<int>(_evenNumbers);
    }
  }
}

class Program
{
  static void Main(string[] args)
```

```
    {
      var en = new EvenNumbers(5);
      foreach (var n in en.Numbers)
        WriteLine(n);
      //【出力】
      // 2
      // 4
      // 6
      // 8
      // 10

#if DEBUG
      ReadKey();
#endif
    }
}
```

リスト11.12 「11.2：遅延実行するLINQデータソースの作り方」

```
using System.Collections;
using System.Collections.Generic;
using System.IO;
using System.Linq;
using static System.Console;   // C# 6 の機能

//「Sample」データ
public class Sample
{
  public string Kind { get; set; }
  public int Value { get; set; }
}

// LINQデータソース
public class SampleDataSource : IEnumerable<Sample>
{
  // IEnumerable<T>の実装
  public IEnumerator<Sample> GetEnumerator()
  {
    return GetCsvEnumerator();
  }
```

```csharp
IEnumerator IEnumerable.GetEnumerator()
{
  return GetEnumerator();
}

// 外部からインスタンス化させない
private SampleDataSource()
{
  // (コード無し)
}

private string _csvFilePath;
private string _kind;

public static SampleDataSource ReadA(string csvFilePath)
{
  return new SampleDataSource()
            {
                _csvFilePath = csvFilePath,
                _kind = "A",
            };
}

// ファイルを読み取り，Sampleオブジェクトを列挙するメソッド
// ただし，返り値の型に注目！
private IEnumerator<Sample> GetCsvEnumerator()
{
  // 検証用
  WriteLine("GetCsvEnumeratorメソッド開始");

  // 1行ずつ読み込んでループを回す
  foreach (var line in File.ReadLines(_csvFilePath))
  {
    // 検証用
    WriteLine($"Read: {line}");

    // カンマで分解する
    string[] data = line.Split(',');

    // データのKindをチェックする
```

```csharp
      string kind = data[0].Trim();
      if (kind != _kind)
        continue;

      // データの数値を取得する
      int value = 0;
      int.TryParse(data[1].Trim(), out value);

      // 検証用
      WriteLine($"Create({kind}, {value})");

      // Sampleオブジェクトを生成して返す
      yield return new Sample(){ Kind = kind, Value = value, };
    }
  }
}

class Program
{
  static void Main(string[] args)
  {
    var samples = SampleDataSource.ReadA(@".\sample.csv");

    WriteLine("1回目");
    foreach (var s in samples)
      WriteLine($"☆ Kind={s.Kind}, Value={s.Value}");
    // 【出力】
    // 1回目
    // GetCsvEnumeratorメソッド開始
    // Read: A, 100
    // Create(A, 100)
    // ☆ Kind = A, Value = 100
    // Read: B, 200
    // Read: A, 300
    // Create(A, 300)
    // ☆ Kind = A, Value = 300

    WriteLine();
    WriteLine("2回目");
```

```
      foreach (var s in samples)
        WriteLine($"☆ Kind={s.Kind}, Value={s.Value}");
      //【出力】
      // 2回目
      // ……（省略．1回目と同じ）……

      WriteLine();
      WriteLine("100より大きいデータを抽出");
      var over100 = samples.Where(s =>
                    {
                        WriteLine($"Where:{s.Kind},{s.Value}");
                        return s.Value > 100;
                    });
      WriteLine("foreach開始");
      foreach (var s in over100)
        WriteLine($"☆ Kind={s.Kind}, Value={s.Value}");
      //【出力】
      // 100より大きいデータを抽出
      // foreach開始
      // GetCsvEnumeratorメソッド開始
      // Read: A, 100
      // Create(A, 100)
      // Where: A,100
      // Read: B, 200
      // Read: A, 300
      // Create(A, 300)
      // Where: A,300
      // ☆ Kind = A, Value = 300

#if DEBUG
      ReadKey();
#endif
    }
}
```

Chapter 12 LINQ プロバイダーの作り方

LINQ 拡張メソッドのチェーンの先頭になれるものとしては，第 8.2 節で説明した LINQ プロバイダーもあります．本章では，この LINQ プロバイダーの作り方を簡単に説明します．ただし，実際に LINQ プロバイダーを作ることは稀ですので，かなり簡略な説明にとどめます．本格的な LINQ プロバイダーを作るときには，参考資料を調べてみてください[*42]．

12.1 LINQ プロバイダーの構成

LINQ プロバイダーは，`IQueryable<T>` 型のクラスと `IQueryProvider` 型のクラスで**構成**されます．

`IQueryable<T>` 型のオブジェクトは，`IEnumerable<T>` 型と同様に LINQ 拡張メソッドのチェーンの先頭になれます．

`IQueryable<T>` インターフェイスの定義は，次のリスト 12.1 のようになっています[*43]．

リスト12.1 IQueryable<T>インターフェイスの定義

```
public interface IQueryable<out T>
{
  // 後続のLINQ拡張メソッドによって組み立てられた式ツリー
  Expression Expression { get; }
}
```

[*42] たとえば，MSDN ドキュメントの「チュートリアル：IQueryable LINQ プロバイダーの作成」などが役に立ちます．この Web ページの URL は以下のとおりです．
https://msdn.microsoft.com/ja-jp/library/bb546158.aspx
[*43] 実際には，`IQueryable<T>` インターフェイスは `IEnumerable<T>` / `IEnumerable` / `IQueryable` インターフェイスを継承しています．ここではすべてをまとめて表現しています．

12.1 LINQ プロバイダーの構成

```
// 式ツリーが実行されたときに返される型
Type ElementType { get; }

// IQueryProvider型オブジェクトへの参照（実際の処理を行う）
IQueryProvider Provider { get; }

// 以下はIEnumerable<T>/IEnumerableのインターフェイス
IEnumerator GetEnumerator();       // ノンジェネリック版
IEnumerator<T> GetEnumerator(); // ジェネリック版
}
```

なにやら使い方が難しそうなインターフェイスです(実際，難しいのですが)．まず理解していただきたいのは，後続のLINQ拡張メソッドに与えられたラムダ式が，「**式ツリー**[*44]」という形式に変換されてExpressionプロパティに格納されることです．そして，メソッドチェーン末尾のforeachループが実行されるとき，Providerプロパティに保持されているIQueryProvider型オブジェクトによって，そのExpressionプロパティの内容（式ツリー＝ラムダ式の集まり）が実行されるのです．

そのIQueryProviderインターフェイスの定義は，次のリスト12.2のようになっています．

リスト12.2 IQueryProviderインターフェイスの定義

```
public interface IQueryProvider
{
    // Expression（式ツリー）からIQueryable型オブジェクトを作る
    IQueryable CreateQuery(Expression expression);
    IQueryable<TElement> CreateQuery<TElement>(Expression expression);

    // Expression（式ツリー）を解釈して実行する
    object Execute(Expression expression);
    TResult Execute<TResult>(Expression expression);
}
```

2種類のCreateQueryメソッドは，LINQ拡張のOfType<T>やCast<T>など

[*44]「式ツリー」（または，式木）の原語は『*Expression Tree*』です．Expression Treeを表すクラスが **Expression** 抽象クラスなのですが，本書では簡単にするために「Expression ＝ **Expression** クラス＝式ツリー」と見なします．式ツリーについては図12.1もご参照ください．

165

で使うためのものです．重要なのは残りの2つ，Expression（式ツリー）を実行する `Execute` メソッドです．Expression（式ツリー）をそのまま実行すると，`IEnumerable<T>` インターフェイスと同じことになります．LINQ プロバイダーの特徴は，Expression（式ツリー）を解釈して，`IEnumerable<T>` インターフェイスの標準 LINQ 拡張メソッドよりも効率良く実行するところにあります．

たとえば，ネットワークで接続されたデータベースからデータを取得することを考えてみましょう．`IEnumerable<T>` インターフェイスでは，データベースからデータすべてを受け取りつつ，LINQ 拡張の `Where` メソッドなどで不要なデータを捨てていきます．`IQueryable<T>` インターフェイス（LINQ プロバイダー）では，後続の `Where` メソッドの内容（= Expression）を解釈してデータベースに問い合わせるための SQL 文を組み立て，必要なデータだけをデータベースから受け取るようにします．

「後続の `Where` メソッドの内容を解釈して SQL 文を組み立てる」のは非常に困難なコーディング作業となることは，容易に想像できるでしょう．また同時に，たとえば百万件のレコードを持っているデータベースに対して，全件を取得するか，絞り込みの SQL 文を組み立てて問い合わせるかで，どれほどネットワークトラフィックに違いが出るかも想像できると思います．これが，面倒な LINQ プロバイダーを作成するメリットなのです（逆にいえば，そのような劇的な効率向上が見込めないのであれば，わざわざ LINQ プロバイダーを作るメリットはないといえます）．

さて，話は前後しますが，Expression（式ツリー）についても簡単に解説しておきます．式ツリーとは，ツリー構造の枝の末端にラムダ式がぶら下がっているようなものだと考えてください[*45]（● 図 12.1）．

式ツリーは，デリゲートとは異なり，その内容を解析できます．たとえば図 12.1 で，`Where` 拡張メソッドに与えられた条件式は，等値比較であり，その左辺は「`s.Kind`」，右辺は文字列「`A`」だということを，コードで解析できるのです．そこから「`WHERE KIND='A'`」という SQL 文（の一部分）をロジックで組み立てることは可能でしょう．

[*45] このような構造を簡単に確かめるには，デバッグ実行中に `Expression` オブジェクトの `DebugView` プロパティを調べます（コードからは参照不可）．

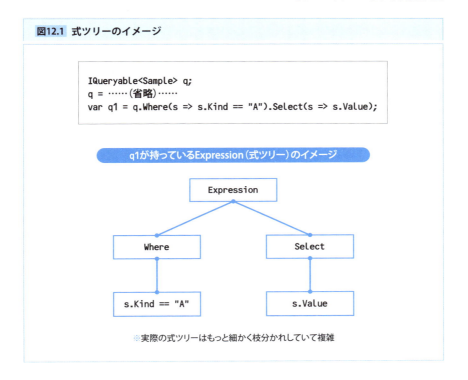

図12.1 式ツリーのイメージ

12.7 LINQプロバイダーの標準的な部分実装

この複雑な LINQ プロバイダーのインターフェイスをすべて実装するのは，たいへんです．しかし実際は，一般的な実装は似たようなものになります．そのような標準的な実装が，マイクロソフトから公開されています[*46]．

これを使うと[*47]，次のリスト 12.3 に示す 2 つのメソッドを実装するだけで，LINQ プロバイダーを作成できるのです（コードの全体は第 12.6 節を参照）．

[*46] MSDN Blogs に，Matt Warren 氏による「LINQ: Building an IQueryable provider series」という全 17 本の記事が掲載されています（URL は下記）．
http://blogs.msdn.com/b/mattwar/archive/2008/11/18/linq-links.aspx
それら 17 本の記事に掲載されたコードをまとめたものが，Microsoft Public License (Ms-PL)（→ p.346）のもとで「LINQ IQueryable Toolkit」として公開されています（URL は下記）．このライセンスは改変 / 再配布が許されるオープンソースです．
http://iqtoolkit.codeplex.com/

[*47] 本章では，公開されているコードのうち 3 つのクラスだけを使っています（第 12.6 節の最初の 3 つのクラスです）．本章の説明に不要な部分を削除したり，わかりやすいクラス名に変えるなどの変更を加えています．なお，この 3 つのクラスについては解説しませんので，興味のある読者は上の脚注に示した記事をお読みください．

> **リスト12.3** 標準的な部分実装を利用するときに実装すべきメソッド
>
> ```
> public abstract class AbstractQueryProvider : IQueryProvider
> {
>   // このクラスを継承し，次の2つのメソッドを実装する
>   public abstract string GetQueryText(Expression expression);
>   public abstract object Execute(Expression expression);
>
>   ……（以下省略）……
> }
> ```

　これらのうち，GetQueryText メソッドは，Expression（式ツリー）の ToString メソッドなどで呼び出されます．

　そして，Execute メソッドは，後続のメソッドチェーンで foreach ループが開始されたときに呼び出されるのです．ですから，実験的に LINQ プロバイダーを作ってみるだけならば，Execute メソッドだけの実装でよいでしょう．

17.3 LINQプロバイダーを実験的に実装してみる

　その Execute メソッドを，特定の拡張メソッドに限定して，実験的に実装してみましょう．実際には，考えられる限りの拡張メソッドとそれらの組み合わせに対してきちんと動作するようにしなければならないのですから，その設計とコーディングはとてもたいへんなことになります．

　ここでは，第 11.2 節で作った LINQ データソースと同様な機能だけを実装してみます．すなわち，第 5.9 節の最初に示した「sample.csv」ファイルを読み込みながら「Sample」オブジェクトのコレクションを返していくようにします．ただし，後続の Where 拡張メソッドとして「Where(s => s.Kind == "A")」などと指定されていたら，その Kind（この例では「A」）に該当する「Sample」オブジェクトだけを生成するようにします．

　まず，前節で紹介した AbstractQueryProvider 抽象クラスを継承したクラスを作っていきましょう．しかし，その Execute メソッドでは，Expression（式ツリー）を解釈して実行しなければなりません．幸いにも，Expression（式ツリー）を解釈するための ExpressionVisitor クラス（System.Linq.Expressions 名前空間）が用意されているので，それを継承することで実装が少し楽になります．

　そこで，先に ExpressionVisitor クラスを継承した「SampleExpressionVisitor」

クラスを作り，Expression（式ツリー）を解釈するコードを書きます（→リスト 12.4）．これは，Expression（式ツリー）を解釈して，「Where(s => s.Kind == "A")」の定数文字列「A」の部分を取り出します．

リスト12.4 Expression（式ツリー）を解釈するクラス（実験的な実装）

```
public class SampleExpressionVisitor : ExpressionVisitor
{
  // 「Where(s => s.Kind == "?")」の"?"に該当する文字列を保持するメンバー
  public string KindFilter { get; private set; }

  // メソッド呼び出しのノードを処理する
  protected override Expression VisitMethodCall(
                            MethodCallExpression expression)
  {
    // 実験的な実装として，「Where(s => s.Kind == "?")」だけを解釈する

    switch (expression.Method.Name)
    {
      case "Where":
        // Where拡張メソッドのラムダ式
        var lambda = (expression.Arguments[1] as UnaryExpression)
                    ?.Operand as LambdaExpression;
        if (lambda.Parameters.Count > 0
           && lambda.Parameters[0].Type == typeof(Sample))
        // ラムダ式のパラメーター（「=>」の左）がSampleオブジェクトで……
        {
          var bodyExpression = lambda.Body as BinaryExpression;
          if (bodyExpression?.NodeType == ExpressionType.Equal)
          // ラムダ式の本体（「=>」の右）が等価比較で……
          {
            var left = bodyExpression.Left;
            if (left.NodeType == ExpressionType.MemberAccess
               && (left as MemberExpression)?.Member.Name == "Kind")
            // 等価比較の左辺はプロパティでその名前は"Kind"で……
            {
              var right = bodyExpression.Right;
              if (right.NodeType == ExpressionType.Constant)
              // 等価比較の右辺が定数ならば，
              {
```

```
                    if (KindFilter != null)
                      throw new InvalidOperationException(
                              "Whereをチェーンできません");

                    // KindFilterにその定数をセットする
                    KindFilter = (right as ConstantExpression).
                                                        ⮕Value as string;
                  }
                }
              }
            }
        break;

      default:
        throw new NotImplementedException(
          $"{expression.Method.Name}はサポートしていません");
    }
    return base.VisitMethodCall(expression);
  }
}
```

　ここでオーバーライドしている VisitMethodCall メソッドには，式ツリーから取り出されたメソッド呼び出しのノードが渡されます．そこで，メソッド名が Where かどうかを調べ，そのラムダ式が「s => s.Kind == "?"」という形になっていることを調べて，条件を満たしていれば，後で使うために「"?"」の部分をメンバー変数「KindFilter」に保持します．

　ここでは，実験的な実装ということで，Where 拡張メソッドで等価比較に使う定数だけを取り出しました．実際には，Kind に関する Where 拡張メソッドを扱うだけでも，比較演算子の左右入れ替えや，等価比較以外の比較演算子などを扱わなければなりません．なお，ソースが公開されているいくつかの LINQ プロバイダーを見ると，ここで SQL 文を組み立てたり，Web サービスに問い合わせるためのパラメーターを生成したり，あるいは，列挙する処理を実際に実行したりと，さまざまな作り方があります．

　次に，話を前に戻して，前節で紹介した AbstractQueryProvider 抽象クラスを継承したクラスを作ります．これは IQueryProvider 型，すなわち LINQ プロバイダーの本体になります．そのクラス名は「SampleQueryProvider」とし，まずは AbstractQueryProvider 抽象クラスで抽象メソッドになっている部分を

実装しましょう（→リスト12.5）．Execute メソッドの実装では，先ほど作った「SampleExpressionVisitor」クラスを呼び出しています．

リスト12.5 LINQプロバイダーの本体（実験的な実装-その1）

```
public class SampleQueryProvider : AbstractQueryProvider
{
    // 抽象メソッドの実装

    public override object Execute(Expression exp)
    {
        // SampleExpressionVisitorを使って，後続の拡張メソッドを解析する
        var visitor = new SampleExpressionVisitor();
        visitor.Visit(exp);

        // 解析したKindの指定を取り出す
        string kindFilter = visitor.KindFilter;

        // CSVファイルを読み込みつつ，Sampleオブジェクトを作って返す
        return ReadSampleCsvFile(kindFilter).AsQueryable();
    }

    public override string GetQueryText(Expression exp)
    {
        // このメソッドは実験では使わないので，空文字を返すだけとする
        return string.Empty;
    }
}
```

上のコードでは，まだ「ReadSampleCsvFile」メソッドを実装していません（このままではコンパイルエラーになります）．このメソッドと，もう1つ，CSVファイル名を与えてこのクラスのインスタンスを作成する「CreateQuery」静的メソッドを追加します（→リスト12.6）．

リスト12.6 LINQプロバイダーの本体（実験的な実装-その2）

```
public class SampleQueryProvider : AbstractQueryProvider
{
    …… （省略）……
```

```csharp
private string _csvFilePath;

// ファイルを読み取り，Sampleオブジェクトを列挙するメソッド
private IEnumerable<Sample> ReadSampleCsvFile(string kindFilter)
{
  // 検証用
  WriteLine("ReadSampleCsvFileメソッド開始");

  bool checkKind = (kindFilter != null);

  // 1行ずつ読み込んでループを回す
  foreach (var line in File.ReadLines(_csvFilePath))
  {
    // 検証用
    WriteLine($"**Read:** {line}");

    // カンマで分解する
    string[] data = line.Split(',');

    // データのKindをチェックする
    string kind = data[0].Trim();
    if (checkKind && kind != kindFilter)
      continue;

    // データの数値を取得する
    int value = 0;
    int.TryParse(data[1].Trim(), out value);

    // 検証用
    WriteLine($"**Create**({kind}, {value})");

    // Sampleオブジェクトを生成して返す
    yield return new Sample() { Kind = kind, Value = value, };
  }
}

public static IQueryable<Sample> CreateQuery(string csvFilePath)
{
  var p = new SampleQueryProvider()
```

```
    {
      _csvFilePath = csvFilePath,
    };
    return new Query<Sample>(p);
  }
}
```

　これで「SampleQueryProvider」クラス（LINQプロバイダー本体）は完成です（コードの全体は第12.6節をご覧ください）．検証用として，ファイルから1行を読み込むと「Read: ……」，「Sample」オブジェクトを生成すると「Create ……」とコンソールに出力するようにしてあります．

12.4 実験的に作ったLINQプロバイダーを試す

　それでは，前節で作ったLINQプロバイダー（「SampleQueryProvider」クラス）を，コンソールプログラムから呼び出して使ってみましょう（コードの全体は第12.6節をご覧ください）．

　まずは全件取得して，コンソールに書き出してみます(▶リスト12.7)．「SampleQueryProvider」クラスの「CreateQuery」メソッドを呼び出すとIQueryable型のオブジェクトが得られるので，後はforeach文でその内容を書き出すだけです．

リスト12.7　全件取得する

```
IQueryable<Sample> q = SampleQueryProvider.CreateQuery(@".¥sample.csv");

WriteLine("【全件取得】foreach開始");
foreach (var s in q)
  WriteLine($"☆ Kind={s.Kind}, Value={s.Value}");
// 【出力】
// 【全件取得】foreach開始
// ReadSampleCsvFileメソッド開始
// Read: A, 100
// Create(A, 100)
// ☆ Kind = A, Value = 100
// Read: B, 200
// Create(B, 200)
// ☆ Kind = B, Value = 200
// Read: A, 300
```

```
// Create(A, 300)
// ☆ Kind = A, Value = 300
```

実際の出力結果も，上のリスト 12.7 にコメントとして入れておきました．
ポイントになるのは，次の点です．

- foreach ループに到達してから「ReadSampleCsvFile」メソッドが始まっている
- Read（ファイルから 1 行読み込み）→ Create（「Sample」オブジェクトの生成）→ foreach ループ内のコンソール 1 行出力，という順序で動いている

LINQ の特徴であるループの分解 / 再構築（◐ 第 6.1 節）が実現できています．
では次に，Where 拡張メソッドを使ってみましょう（◐ リスト 12.8）．このとき，LINQ プロバイダーに実装した「SampleExpressionVisitor」クラスが働いて，Where 拡張メソッドで指定した Kind のデータだけ「Sample」オブジェクトを生成してくれるはずです．

リスト12.8 Where拡張メソッドがLINQプロバイダーで処理される

```
IQueryable<Sample> q = SampleQueryProvider.CreateQuery(@".\sample.csv");

IQueryable<Sample> q1 = q.Where(s => s.Kind == "A");
WriteLine("【Aのみ】foreach開始");
foreach (var s in q1)
  WriteLine($"☆ Kind={s.Kind}, Value={s.Value}");
//【出力】
//【Aのみ】foreach開始
// ReadSampleCsvFileメソッド開始
// Read: A, 100
// Create(A, 100)
// ☆ Kind = A, Value = 100
// Read: B, 200
// Read: A, 300
// Create(A, 300)
// ☆ Kind = A, Value = 300
```

出力結果を見ると，Kind が「B」のデータについては，確かに「Sample」オブジェクトを生成していません（「Read: B……」はありますが，「Create: B……」

は出力されていません). **後続する拡張メソッドの処理が，LINQ プロバイダーの中で実行できています**．これが，前章の LINQ データソースと，LINQ プロバイダーとの最も大きな違いです．

ところで，この実験的に作った LINQ プロバイダーは，「Where(s => s.Kind == "A")」というパターンの拡張メソッドにしか対応していません．それ以外の LINQ 拡張メソッドを使うにはどうしたら良いでしょう？ それには，LINQ 拡張の AsEnumerable メソッド (🔗 p.137) を使います．IQueryable インターフェイスは，AsEnumerable 拡張メソッドを呼び出すことにより，IEnumerable インターフェイスに変換されます．変換後は，IEnumerable インターフェイス用の LINQ 拡張メソッドが利用できるのです (🔗 リスト 12.9)．

リスト12.9 AsEnumerable拡張メソッドでIEnumerableインターフェイスに変換する

```
IQueryable<Sample> q = SampleQueryProvider.CreateQuery(@".¥sample.csv");

IEnumerable<Sample> e1 = q.Where(s => s.Kind == "A")
                          .AsEnumerable() //これ以降はIEnumerableのチェーン
                          .Where(s => s.Value == 100);
WriteLine("【AかつValue=100】foreach開始");
foreach (var s in e1)
  WriteLine($"☆ Kind={s.Kind}, Value={s.Value}");
//【出力】
//【AかつValue = 100】foreach開始
// ReadSampleCsvFileメソッド開始
// Read: A, 100
// Create(A, 100)
// ☆ Kind = A, Value = 100
// Read: B, 200
// Read: A, 300
// Create(A, 300)
```

「Where(s => s.Value == 100)」という拡張メソッドは，IEnumerable インターフェイス用のものです．IQueryable インターフェイス用のものではありませんから，LINQ プロバイダー内では処理されません．そのため，出力結果の末尾部分では，その条件 (＝値が 100 のもの) にマッチしないデータ (＝値が 300 のもの) についても，「Sample」オブジェクトを生成しています (「Create(A, 300)」と出力されています)．

なお，このように AsEnumerable 拡張メソッドでインターフェイスを変換した場合でも，LINQ の特徴は失われません．「ToList メソッドの罠」（→第 7 章）のようにそこでデータが「実体化」されるわけではなく，AsEnumerable 拡張メソッドをまたいでループの分解/再構築が行われます（→リスト 12.10）．

リスト12.10　AsEnumerable拡張メソッドをまたいでループが再構築される

```
IQueryable<Sample> q = SampleQueryProvider.CreateQuery(@".\sample.csv");

IEnumerable<Sample> e2 = q.Where(s => s.Kind == "B")
                         .AsEnumerable()
                         .Take(1); //コレクションの先頭から1個だけ取り出す
WriteLine("【B，ただし最初の1件のみ】foreach開始");
foreach (var s in e2)
  WriteLine($"☆ Kind={s.Kind}, Value={s.Value}");
//【出力】
//【B，ただし最初の1件のみ】foreach開始
// ReadSampleCsvFileメソッド開始
// Read: A, 100
// Read: B, 200
// Create(B, 200)
// ☆ Kind = B, Value = 200
```

上のコードの Take 拡張メソッドは，コレクションの先頭から指定した個数だけを取り出します．もし ToList メソッドでデータを「実体化」した後で Take(1) を呼び出したとすると，すべてのデータを読み取ってから 1 件出力することになります．ところが実際の出力を見てみると，最初の Where 条件に一致したデータ（Kind が「B」のもの）を読み込んだ後は，もうデータを読み込んでいません．Take メソッド内のループが処理を打ち切った時点で，LINQ プロバイダー内のループも止まったということです．

12.5　LINQプロバイダーのメリット

LINQ プロバイダーの特徴は，後続する拡張メソッドを解析して LINQ プロバイダー内で効率良く処理を行うことです（→第 8.2 節）．その代わり，LINQ プロバイダーの実装は複雑で面倒なものになります．

複雑な実装をしてでも，そのようなメリットを享受したいというのはどんな

場合でしょう？　後続する拡張メソッドの処理をLINQプロバイダー内で行うと，劇的に処理速度が向上するようなときでしょう．すなわち，LINQプロバイダー内でSQL文を組み立てたり，Webサービスに対してデータの絞り込みを指示するパラメーターを組み立てたりすることによって，ネットワークトラフィックを大幅に減少させられるような場合です．

　LINQプロバイダーは，ネットワーク経由で利用するAPIを利用する場合に作成すると真価を発揮するのです．

12.6 「LINQプロバイダーの作り方」のコード

　本章で使ったソースコードを紹介しておきます．Visual Studio 2015で作成しています[48]．

　作成したプロジェクトには，リスト12.11の「sample.csv」ファイルを追加します（→第5.1節）．

リスト12.11 「sample.csv」ファイル（再掲）

```
A, 100
B, 200
A, 300
```

　さらに，作成したプロジェクトには，クラスファイルを5個追加します．以下に示す「Query.cs」，「AbstractQueryProvider.cs」，「TypeSystem.cs」，「SampleExpressionVisitor.cs」，「SampleQueryProvider.cs」です．

　まず，LINQプロバイダーの標準的な部分実装である，3つのクラスのコードです（「Query」クラス（→リスト12.12），「AbstractQueryProvider」抽象クラス（→リスト12.13），「TypeSystem」クラス（→リスト12.14））．これらは，オープンソースの「LINQ IQueryable Toolkit[49]」に含まれているコードを，本章に合わせて修正したものです．

---

[48] Visual Studio 2015をインストールしてコンソールプログラム用のプロジェクトを作るまでの手順は，付録をご覧ください．
[49] 「LINQ IQueryable Toolkit」については以下のURLを参照してください．
　　Webサイト：http://iqtoolkit.codeplex.com/
　　ライセンス条項（Microsoft Public License）：http://iqtoolkit.codeplex.com/license　（→p.346）

Chapter 12 LINQ プロバイダーの作り方

リスト12.12 「Query」クラス (IQueryable<T>インターフェイスの実装)

```
// original source code:
// http://iqtoolkit.codeplex.com/SourceControl/latest#Source/IQToolkit/
                                                              ➡Query.cs
// Copyright (c) Microsoft Corporation.  All rights reserved.
// This source code is made available
// under the terms of the Microsoft Public License (MS-PL)

using System;
using System.Collections;
using System.Collections.Generic;
using System.Linq;
using System.Linq.Expressions;

public class Query<T> : IQueryable<T>, IQueryable,
                        IEnumerable<T>, IEnumerable,
                        IOrderedQueryable<T>, IOrderedQueryable
{
  AbstractQueryProvider provider;
  Expression expression;

  public Query(AbstractQueryProvider provider)
  {
    if (provider == null)
      throw new ArgumentNullException("provider");

    this.provider = provider;
    this.expression = Expression.Constant(this);
  }

  public Query(AbstractQueryProvider provider, Expression expression)
  {
    if (provider == null)
      throw new ArgumentNullException("provider");

    if (expression == null)
      throw new ArgumentNullException("expression");

    if (!typeof(IQueryable<T>).IsAssignableFrom(expression.Type))
      throw new ArgumentOutOfRangeException("expression");
```

```csharp
        this.provider = provider;
        this.expression = expression;
    }

    Expression IQueryable.Expression => this.expression;

    Type IQueryable.ElementType => typeof(T);

    IQueryProvider IQueryable.Provider => this.provider;

    public IEnumerator<T> GetEnumerator()
        => ((IEnumerable<T>)this.provider.Execute(this.expression))
                                        .GetEnumerator();

    IEnumerator IEnumerable.GetEnumerator()
        => ((IEnumerable)this.provider.Execute(this.expression))
                                        .GetEnumerator();

    public override string ToString()
        => this.provider.GetQueryText(this.expression);
}
```

リスト12.13 「AbstractQueryProvider」抽象クラス（IQueryProviderインターフェイスの実装）

```csharp
// original source code:
// http://iqtoolkit.codeplex.com/SourceControl/latest#Source/IQToolkit/
//                                                          ↪QueryProvider.cs
// Copyright (c) Microsoft Corporation.  All rights reserved.
// This source code is made available
// under the terms of the Microsoft Public License (MS-PL)

using System;
using System.Linq;
using System.Linq.Expressions;
using System.Reflection;

public abstract class AbstractQueryProvider : IQueryProvider
{
    protected AbstractQueryProvider()
```

```csharp
{
  // (コード無し)
}

// IQueryProviderの実装:ここから

IQueryable<T> IQueryProvider.CreateQuery<T>(Expression expression)
    => new Query<T>(this, expression);

IQueryable IQueryProvider.CreateQuery(Expression expression)
{
  Type elementType = TypeSystem.GetElementType(expression.Type);
  try
  {
    return (IQueryable)Activator.CreateInstance(typeof(Query<>)
        .MakeGenericType(
          elementType),
          new object[] { this, expression });
  }
  catch (TargetInvocationException tie)
  {
    throw tie.InnerException;
  }
}

T IQueryProvider.Execute<T>(Expression expression)
    => (T)this.Execute(expression);
object IQueryProvider.Execute(Expression expression)
    => this.Execute(expression);

// IQueryProviderの実装:ここまで

// 実際に使うクラスで実装すべきメソッド
// LINQプロバイダーを実装するには,この抽象クラスを継承し,
// 次のExecute/GetQueryTextメソッドを実装する
public abstract string GetQueryText(Expression expression);
public abstract object Execute(Expression expression);
}
```

12.5 「LINQ プロバイダーの作り方」のコード

リスト12.14 「TypeSystem」クラス (「**AbstractQueryProvider**」クラスで使用)

```
// original source code:
// http://iqtoolkit.codeplex.com/SourceControl/latest#Source/IQToolkit/
//                                                          ➟TypeHelper.cs
// Copyright (c) Microsoft Corporation.  All rights reserved.
// This source code is made available
// under the terms of the Microsoft Public License (MS-PL)

using System;
using System.Collections.Generic;

// AbstractQueryProviderクラスで使うヘルパークラス
internal static class TypeSystem
{
  internal static Type GetElementType(Type seqType)
  {
    Type ienum = FindIEnumerable(seqType);
    if (ienum == null)
      return seqType;
    return ienum.GetGenericArguments()[0];
  }

  private static Type FindIEnumerable(Type seqType)
  {
    if (seqType == null || seqType == typeof(string))
      return null;

    if (seqType.IsArray)
      return typeof(IEnumerable<>).
                       ➟MakeGenericType(seqType.GetElementType());

    if (seqType.IsGenericType)
    {
      foreach (Type arg in seqType.GetGenericArguments())
      {
        Type ienum = typeof(IEnumerable<>).MakeGenericType(arg);
        if (ienum.IsAssignableFrom(seqType))
          return ienum;
      }
    }
```

```
    Type[] ifaces = seqType.GetInterfaces();
    if (ifaces != null && ifaces.Length > 0)
    {
      foreach (Type iface in ifaces)
      {
        Type ienum = FindIEnumerable(iface);
        if (ienum != null)
          return ienum;
      }
    }

    if (seqType.BaseType != null && seqType.BaseType != typeof(object))
      return FindIEnumerable(seqType.BaseType);

    return null;
  }
}
```

　以上の3つのクラスを使って，実験的な LINQ プロバイダーを実装してみたものが，以下のリスト12.15，リスト12.16になります（「SampleExpressionVisitor」クラスと「SampleQueryProvider」クラス）．

リスト12.15 「SampleExpressionVisitor」クラス

```
using System;
using System.Collections.Generic;
using System.Linq;
using System.Linq.Expressions;

// 式ツリーの全ノードを処理するクラス

public  class SampleExpressionVisitor : ExpressionVisitor
{
  // 「Where(s => s.Kind == "?")」の"?"に該当する文字列を保持するメンバー
  public string KindFilter { get; private set; }

  // メソッド呼び出しのノードを処理する
  protected override Expression VisitMethodCall(MethodCallExpression
                                                expression)
```

17.5 「LINQ プロバイダーの作り方」のコード

```
{
  // 実験的な実装として，
  // Where(s => s.Kind == "?")
  // だけを解釈する

  switch (expression.Method.Name)
  {
    case "Where":
      // Where拡張メソッドのラムダ式
      var lambda = (expression.Arguments[1] as UnaryExpression)
                    ?.Operand as LambdaExpression;
      if (lambda.Parameters.Count > 0
          && lambda.Parameters[0].Type == typeof(Sample))
      // ラムダ式のパラメーター（「=>」の左）がSampleオブジェクトで……
      {
        var bodyExpression = lambda.Body as BinaryExpression;
        if (bodyExpression?.NodeType == ExpressionType.Equal)
        // ラムダ式の本体（「=>」の右）が等価比較で……
        {
          var left = bodyExpression.Left;
          if (left.NodeType == ExpressionType.MemberAccess
              && (left as MemberExpression)?.Member.Name == "Kind")
          // 等価比較の左辺はプロパティでその名前は"Kind"で……
          {
            var right = bodyExpression.Right;
            if (right.NodeType == ExpressionType.Constant)
            // 等価比較の右辺が定数ならば，
            {
              if (KindFilter != null)
                throw new
                  InvalidOperationException
                                  ➡("Whereをチェーンできません");

              // KindFilterにその定数をセットする
              KindFilter = (right as ConstantExpression).
                                           ➡Value as string;
            }
          }
        }
      }
  }
}
```

```
          break;

        default:
          throw new NotImplementedException(
            $"{expression.Method.Name}はサポートしていません");
      }
      return base.VisitMethodCall(expression);
    }
  }
}
```

リスト12.16 「SampleQueryProvider」クラス

```
using System.Collections.Generic;
using System.IO;
using System.Linq;
using System.Linq.Expressions;
using static System.Console;  // C# 6 の機能

// 「Sample」データ
public class Sample
{
  public string Kind { get; set; }
  public int Value { get; set; }
}

// LINQプロバイダー

// IQueryProviderの実装
public class SampleQueryProvider : AbstractQueryProvider
{
  // 抽象メソッドの実装
  public override object Execute(Expression exp)
  {
    // ExpressionVisitorを使って，後続の拡張メソッドを解析する
    var visitor = new SampleExpressionVisitor();
    visitor.Visit(exp);

    // 解析したKindの指定を取り出す
    string kindFilter = visitor.KindFilter;
```

```csharp
  // CSVファイルを読み込みつつ、Sampleオブジェクトを作って返す
  return ReadSampleCsvFile(kindFilter).AsQueryable();
}

public override string GetQueryText(Expression exp)
{
  return string.Empty;
}

// 外部からインスタンス化させない
private SampleQueryProvider()
{
  // (コード無し)
}

public static IQueryable<Sample> CreateQuery(string csvFilePath)
{
  var p = new SampleQueryProvider()
  {
    _csvFilePath = csvFilePath,
  };
  return new Query<Sample>(p);
}

private string _csvFilePath;

// ファイルを読み取り、Sampleオブジェクトを列挙するメソッド
private IEnumerable<Sample> ReadSampleCsvFile(string kindFilter)
{
  // 検証用
  WriteLine("ReadSampleCsvFileメソッド開始");

  bool checkKind = (kindFilter != null);

  // 1行ずつ読み込んでループを回す
  foreach (var line in File.ReadLines(_csvFilePath))
  {
    // 検証用
    WriteLine($"Read: {line}");
```

```
      // カンマで分解する
      string[] data = line.Split(',');

      // データのKindをチェックする
      string kind = data[0].Trim();
      if (checkKind && kind != kindFilter)
        continue;

      // データの数値を取得する
      int value = 0;
      int.TryParse(data[1].Trim(), out value);

      // 検証用
      WriteLine($"Create({kind}, {value})");

      // Sampleオブジェクトを生成して返す
      yield return new Sample() { Kind = kind, Value = value, };
    }
  }
}
```

そして，上の「SampleQueryProvider」クラスを試してみるコードが，次のリスト 12.17 になります．このコードは，「Program.cs」ファイルに記述します．

リスト12.17 Mainメソッド

```
using System.Collections.Generic;
using System.Linq;
using static System.Console;    // C# 6 の機能

class Program
{
  static void Main(string[] args)
  {
    IQueryable<Sample> q
      = SampleQueryProvider.CreateQuery(@".\sample.csv");

    WriteLine("【全件取得】foreach開始");
```

```csharp
      foreach (var s in q)
        WriteLine($"☆ Kind={s.Kind}, Value={s.Value}");

      WriteLine();

      IQueryable<Sample> q1 = q.Where(s => s.Kind == "A");
      WriteLine(" 【Aのみ】 foreach開始");
      foreach (var s in q1)
        WriteLine($"☆ Kind={s.Kind}, Value={s.Value}");

      WriteLine();

      IEnumerable<Sample> e1 = q.Where(s => s.Kind == "A")
                                .AsEnumerable() //これ以降IEnumerableのチェーン
                                .Where(s => s.Value == 100);
      WriteLine(" 【AかつValue=100】 foreach開始");
      foreach (var s in e1)
        WriteLine($"☆ Kind={s.Kind}, Value={s.Value}");

      WriteLine();

      IEnumerable<Sample> e2 = q.Where(s => s.Kind == "B")
                                .AsEnumerable()
                                .Take(1);   //コレクションの先頭から1個だけ取得
      WriteLine(" 【B、ただし最初の1件のみ】 foreach開始");
      foreach (var s in e2)
        WriteLine($"☆ Kind={s.Kind}, Value={s.Value}");

#if DEBUG
      ReadKey();
#endif
    }
}
```

Column さまざまなジェネリックコレクション

LINQ はジェネリックなコレクション（IEnumerable<T> を実装したコレクション）を扱う処理に威力を発揮します．そのジェネリックなコレクションにどんなものがあるか，本文では触れられなかったので，ここで簡単に紹介しておきます．

- **System.Collections.Generic 名前空間**
  汎用的なコレクションです．どのコレクションを使おうかと迷ったときは，まずこの名前空間を見てください．
  Dictionary<TKey, TValue>, HashSet<T>, LinkedList<T>, List<T>, Queue<T>, SortedDictionary<TKey, TValue>, SortedList<TKey, TValue>, Stack<T> など
- **System.Collections.ObjectModel 名前空間**
  主にデータと UI を結び付けるときに使うコレクションです．
  ObservableCollection<T>, ReadOnlyCollection<T> など
- **System.Collections.Concurrent 名前空間**
  複数のスレッドから同時にアクセスしたいときに使うコレクションです．
  BlockingCollection<T>, ConcurrentQueue<T> など

Chapter 13
LINQマジックの正体 ――まとめ

　LINQマジック，それは次のようなものでした（→第6章）．

- **for 文などを使わずにループ処理が書ける**（→第1.2節）
- **ループ内の処理は必要になったときに実行（遅延実行）される**（→第5.7節）
- **ループは分解/再構築される**（→第5.7節）
- **コレクションを作ってもメモリを消費しない**（→第5.8節）

　この従来の常識から考えると不思議な性質は，IEnumerable<T>インターフェイスに由来するものでした（→第8.1節）．IEnumerable<T>インターフェイスのGetEnumeratorメソッドがIEnumerator<T>型のオブジェクトを返します．そのIEnumerator<T>インターフェイスのMoveNextメソッドとCurrentプロパティが，LINQマジックを実現するキーでした．そこに，豊富な標準LINQ拡張メソッド（→第3部第1章）やラムダ式（→第2部第2章）/ジェネリックコレクション（→第2部第4.1節）/匿名型（→第2部第5.3節）などが加わって，LINQマジックを構成していたのです．

　LINQマジックを利用するだけでなく自分でも作ろうとすると，IEnumerable<T>インターフェイスを実装する必要が出てきます．それにはIEnumerator<T>インターフェイスのMoveNextメソッドとCurrentプロパティといった面倒な実装を本来はしなければいけないのですが，yield return文（→「第2部第4.2節」）によってコーディングは簡単にできます（→第10.3節，第11章）．

　このようにとても便利なLINQマジックなのですが，どこでデータを「実体化」させるかということには十分な注意が必要です（→第7章）．

LINQマジックは、プログラムのアーキテクチャにも変革をもたらします。

たとえば，Webサービスやデータベースサーバーから多数のデータを取得してきて，加工した結果を画面に表示するというプログラムを考えてみましょう。

処理効率を考えると，データを1件取得するごとに，加工処理を行い，画面に1件表示し，また次のデータを1件取得し……というループ処理を行うコードを書きたくなります。しかし，プログラムの見通しを良くしたいと考えると，データを取得してくる部分/データを加工する部分/画面に表示する部分といった複数の部分にプログラムを分割したくなります。

見通しを良くするためにプログラムを分割すると，ループも分断されてしまいます。ループを1つにして処理効率を良くしようとすると，プログラムの分割ができません。あちら立てればこちらが立たないという状況ですが，これをLINQマジックが解決するのです（→図13.1）。

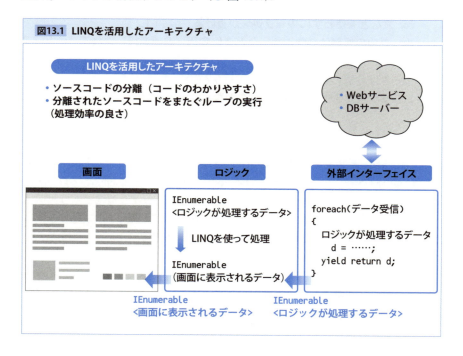

図13.1 LINQを活用したアーキテクチャ

分割したプログラムの間で受け渡すデータを `IEnumerable<T>` 型にします。外部からデータを受け取る部分では，1件受け取るごとにデータオブジェクトを生成し `yield return` します。データを加工するロジック部分でも，LINQを活

用して IEnumerable<T> 型のまま処理を進めます（データそのものの型は途中で変更してもかまいません）．そして，画面では IEnumerable<T> 型のデータを順に表示すればよいのです[*50]．こうすることで，処理の全体は1つのループになっていますが，プログラムの構造は分割されているというアーキテクチャが成立するのです．

　LINQ マジックは便利なだけでなく，**新しいアーキテクチャも生み出す**のです．ぜひ，このすばらしい LINQ マジックの使い手になってください．

[*50] 画面から何度も同じデータを要求する場合（たとえば，見えている部分だけ UI コントロールのインスタンスを生成する仮想化を行っているような場合）には，図13.1のままではそのたびにデータの受信が発生してしまいます．そのようなときには，データを画面に渡す前に ToList で「実体化」させます．

Part 2
LINQを使いこなすための機能

第2部では，LINQを使いこなすためのC#言語と.NET Frameworkの機能について解説します．
まず，LINQを支える大きな2つの柱，すなわち，拡張メソッドとラムダ式について，体系的に説明します．
その後で，.NET FrameworkとC#の進化に伴って追加されてきた主な機能を紹介しつつ，それら新機能とLINQとの関係も解説します．

Chapter 1 拡張メソッド

はじめに第2部全体のことについてご案内しておきます．第2部のサンプルコードは Visual Studio 2015 を使って書いてあります．そのため，説明されている機能が追加されたときのバージョンの Visual Studio ではビルドできない場合や動作が異なる場合がありますので，ご注意ください．また，サンプルコードはコンソールプログラムになっています．Visual Studio 2015 をインストールしてコンソールプログラムを作るまでの手順は付録をご覧ください．

LINQ は拡張メソッドを多用します．LINQ の標準的な機能は `IEnumerable<T>` インターフェイス／`IQueryable<T>` インターフェイスに対する拡張メソッドとして提供されています[*1]（⮕第3部第1章）．拡張メソッドは，LINQ とともに Visual Studio 2008 で導入されました．

拡張メソッドとは，**既存のクラスにメソッドを追加する仕組み**です．ただし，既存のクラスに対してはいっさいの変更を加えません．正確にいうと，既存のクラスに追加されたように見えるメソッドを定義できる，ということになります．

拡張メソッドを定義するには，次のようにします．

1. **拡張メソッドを定義する場所として静的クラスを用意する**
2. **拡張メソッドを静的メソッドとして宣言する**
3. **拡張メソッドの第1引数には「`this`」修飾子を付け，拡張メソッドを追加したい型を指定する**

拡張メソッドを使う側では，拡張メソッドが定義されている名前空間をイン

[*1] もしも LINQ の機能が抽象クラスとして提供されていたら，LINQ を使うにはその抽象クラスを継承する（それ以外のクラスは継承できない）ということになります．拡張メソッドであれば，任意のクラスを継承したうえで LINQ の機能も利用できます．

ポートします.あとは,指定したクラスに新しいインスタンスメソッドが追加
されたかのように利用できます.

　上記の手順を確認するため,実際に String クラスを拡張する簡単な拡張メ
ソッドを作ってみましょう.まずコンソールプログラム用のプロジェクトを作
ります(→付録第4章).プロジェクトに新しくクラスを追加し,ファイル名
を「MyExtensions.cs」とします.「MyExtensions.cs」ファイルを開き,名前
空間を「StringExtension」に書き換えます(→リスト1.1).これは,拡張メ
ソッドを使うにはその名前空間をインポートしなければならないことを確認す
るためです.

リスト1.1　「MyExtensions.cs」ファイルを追加し,名前空間を書き換えた

```
using System;

namespace StringExtension
{
  class MyExtensions
  {
  }
}
```

　拡張メソッドの機能としては,文字列を前後反転させてみましょう.文字の
並びを逆順にするものです.メソッド名は「Reverse」とします.前述した拡張
メソッドの定義手順 **1.** ～ **3.** を実施すると,次のリスト1.2のようになります.

リスト1.2　拡張メソッドの定義を行った

```
using System;

namespace StringExtension
{
  public static class MyExtensions
  {
    public static string Reverse(this string s)
    {
      return null; // 仮の実装
    }
  }
}
```

「Reverse」メソッドの引数の前に「**this**」が付いています．これが拡張メソッドの定義の特徴です（ほかに，前述したように静的クラス内の静的メソッドであることも必要です）．

文字列の順序を反転させるコードは，Array クラスの Reverse メソッド[*2]を利用すると次のリスト 1.3 のように書けます．

リスト1.3 拡張メソッドの内容を記述した

```
using System;

namespace StringExtension
{
  public static class MyExtensions
  {
    public static string Reverse(this string s)
    {
      char[] c = s.ToCharArray();   // stringをcharの配列に書き出し，
      Array.Reverse(c);             // 配列の順序を逆転
      return new string(c);         // charの配列から文字列を生成して返す
    }
  }
}
```

これで拡張メソッドは完成です．

Main メソッドから，上で作った拡張メソッドを呼び出してみましょう．拡張メソッドを定義した名前空間「StringExtension」のインポートが必須です（→リスト 1.4）．

リスト1.4 Mainメソッドから拡張メソッドを使う（「Program.cs」ファイル）

```
using System;

using StringExtension;  // この行が必須（削除して確認してみてください）
```

[*2] Array クラスの Reverse メソッドは値を返さないので，メソッドチェーン（→ 第 1 部第 2.4 節）にできません．ここで作るような拡張メソッドに仕立てておくと，メソッドチェーンで他の処理をつなげて書けるようになります．

```
class Program
{
  static void Main(string[] args)
  {
    string s1 = " 1 2 3 4 5";

    // 拡張メソッドの一般的な呼び出し方（名前空間のインポートが必須）
    string s2 = s1.Reverse();
    Console.WriteLine(s2);
    //【出力】
    // 5 4 3 2 1

#if DEBUG
    // デバッグ実行時，コンソールがすぐに閉じてしまうのを防ぐ
    Console.ReadKey();
#endif
  }
}
```

このように，String クラスに「Reverse」メソッドが追加されたかのように利用できます．実際の動作としては，ローカル変数 s1 が「Reverse」拡張メソッドの引数（this string s）として渡されます．

なお，次のリスト 1.5 のように，「MyExtensions」クラスの静的メソッドとしても呼び出すことも可能です．しかし，せっかく拡張メソッドとして作ったのですから，このような冗長な記述をすることは実際にはないでしょう．

リスト1.5 拡張メソッドは通常の静的メソッドとしても利用可能

```
// 次のようにして呼び出すことも可能
string s3 = StringExtension.MyExtensions.Reverse(s1);
Console.WriteLine(s3);
```

操作する型を返すメソッドは，メソッドチェーンにできます．この例ではメソッドの返り値は String 型（＝操作する型）ですから，次のリスト 1.6 のように他のメソッド（String クラスのメソッド，または String クラスに対する拡張メソッド）をチェーンできます．

リスト1.6 操作する型を返す拡張メソッドはメソッドチェーンが可能

```
// メソッドチェーンにできる
string s4 = "ABC".Reverse().ToLower();
Console.WriteLine(s4);
//【出力】
// cba
```

　また，**拡張メソッドは複数の引数を取ることもできます**．1つ目の引数（thisキーワードが付いている引数）は操作対象のオブジェクトでした．2つ目以降の引数は，拡張メソッドとして呼び出すときの引数になります．

　例として，文字列の先頭から指定された文字数までを返す拡張メソッド「Head」を作ってみましょう（先ほどのReverseメソッドの下に追加します）．

リスト1.7 2つ目の引数を取る拡張メソッドの例

```
public static string Head(this string s, int maxLength)
{
  if (s == null)
    return s;
  if (s.Length <= maxLength)
    return s;
  return s.Substring(0, maxLength);
}
```

　このメソッドを拡張メソッドとして呼び出すときは，2つ目の引数だけを書きます（→リスト1.8）．

リスト1.8 2つの引数を取る拡張メソッドを呼び出す例

```
Console.WriteLine("12345".Head(3));
//【出力】
// 123
```

Chapter 2 ラムダ式

Chapter 2 ラムダ式

　ラムダ式も，拡張メソッドと同じく Visual Studio 2008 で導入されました．
LINQ の拡張メソッドは多くの場合，引数としてラムダ式を取ります[*3]．**ラムダ式**とは，**形式的にはメソッドの簡略記法**です．引数としてラムダ式を渡すということは，メソッドを丸ごと渡していることになります（→第 1 部図 1.2）．

　たとえば，中身が return 文だけのメソッドは，次のリスト 2.1 のようにラムダ式を使って書き直せます（C# 6 以降）．ラムダ式（太字の部分）が，メソッド本体の簡略記法になっています．

リスト2.1　普通のメソッド（中身はreturn文だけ）をラムダ式で書き直す

```
// 普通のメソッド定義（メソッドの中身はreturnする1行だけ）
int Add1(int x, int y)
{
  return x + y;
}

// ラムダ式によるメソッド定義
int Add2(int x, int y)
  => x + y;
```

　上の例では，Add1 メソッドの「{ return x + y; }」の部分と，ラムダ式を使った Add2 メソッドの「=> x + y;」の部分が同じ意味を持ちます．
　あるいは，匿名メソッド（→第 4.3 節）を使ったデリゲート（→第 3.2 節）

[*3] LINQ の拡張メソッドの中には，たとえば Concat メソッド（引数に与えたコレクションを結合します）のように，引数にラムダ式を与えられないものもあります．

199

の定義をラムダ式で書き直すと，次のリスト 2.2 のようになります．

リスト2.2 デリゲートの定義をラムダ式で書き直す

```
// 匿名メソッドによるデリゲート定義
Func<int, int, int> Add3
  = delegate (int x, int y)
    {
      return x + y;
    };

// ラムダ式によるデリゲート定義-その1
Func<int, int, int> Add4
  = (x, y) =>
    {
      return x + y;
    };
```

このデリゲートの場合は，匿名メソッドを書くときの delegate キーワードとその後ろの型指定（この例では int）を省略し，代わりに「=>」記号を追加した形がラムダ式になっています．ラムダ式は，まさにメソッドの簡略記法ですね．

ラムダ式は，コンパイラーが推測できる部分は省略できます．上のラムダ式では，ラムダ式を代入する変数の型が「Func<int, int, int>」となっています（これは，2 つの int を引数に取り，int を返す関数という意味）．ですから，このラムダ式の入力パラメーター x と y の型は int だと推測可能なので，「(x, y)」と省略した記述ができているのです（このように通常は省略しますが，「(int x, int y)」と書いてもかまいません）．

上のラムダ式では，さらに中括弧と return 文を省略して次のリスト 2.3 のようにも書けます[*4]．

リスト2.3 デリゲートの定義をラムダ式で書き直す（省略形）

```
// ラムダ式によるデリゲート定義-その2
Func<int, int, int> Add5
  = (x, y) => x + y;
```

---

*4 厳密にいえば，これは省略ではなく，後述するように形式の異なるラムダ式です．

また，入力パラメーターが1個の場合は，それを囲む括弧を省略できます（⇒リスト2.4）．

リスト2.4 入力パラメーターが1個の場合

```
// 入力パラメーターが1個の場合は，その括弧を省略できる
Func<int, int> Twice
  = x => x * 2;
```

ところでここまで，「ラムダ式とは，形式的にはメソッドの簡略記法である」としてしてきました．しかし本来は，「ラムダ式もオブジェクトである」という観点から，「引数」を入力としてとらえる必要があります．実際，「(x, y) => x + y」というラムダ式を口頭で伝える際は，「x と y を与えて，x プラス y を出力させる」などといいます．ただし，実用上は，上記のように思っていただいてかまいません．

あらためてラムダ式の書き方をまとめておきます（⇒リスト2.5）．

リスト2.5 ラムダ式の書き方

```
// ステートメント形式
（入力パラメーター，……）=> {ステートメント; ……;}

// 式形式
（入力パラメーター，……）=> 式
```

ステートメント形式／式形式と，通常はどちらの書き方でもかまいません．ただし，式ツリーを記述するときだけは，式形式が必須です．記号「=>」は，**ラムダ演算子**です．ラムダ演算子の左は入力パラメーターです（メソッドやプロパティの定義にラムダ式を使う場合は，入力パラメーターとしてメソッドやプロパティを呼び出すときの引数が使われます）．入力パラメーターが1個だけのときは，入力パラメーターを囲む括弧を省略できます．入力パラメーターがないときは，括弧だけを書きます．

また，ラムダ式よりも手前で定義された変数を，ラムダ式の中から参照することもできます[5]（⇒次ページリスト2.6）．

---

[5] **foreach** ループ内に書くラムダ式からループ変数を参照するとき，Visual Studio 2010 またはそれ以前の環境では注意が必要です．そのループを抜けてから遅延実行が行われる場合には，ラムダ式から参照されるループ変数の値がループ終了時のものになってしまいます．この場合，ループ変数の値を，ループ内で宣言したローカル変数に代入してから使うようにします．

リスト2.6　ラムダ式の外の変数をラムダ式内で参照する

```
int n = 3;
Func<int, int> addN = (x) => n += x;
WriteLine($"n={n}, addN(2)={addN(2)}, n={n}");
//【出力】
// n=3, addN(2)=5, n=5
```

　この例では，ローカル変数「n」をラムダ式の中で参照しています．ラムダ式の中では，入力パラメーター「x」をローカル変数「n」に加えています．また，このラムダ式の値（出力，返り値）は，「x」を加算した後のローカル変数「n」の値になります．

Column　Windows 10 の UWP アプリ

　本書では Windows 10 の **UWP**（*Universal Windows Platform*）アプリは扱っていませんが，もちろん LINQ は UWP アプリでも活躍します．扱わなかったのは，UWP ならではという LINQ の使い方を筆者が思い付かなかったからにすぎません（同じことは ASP.NET にもいえます）．

　ここで UWP アプリについて簡単に触れておきます．

　UWP アプリとは，大ざっぱにいえば UWP 上で動作するアプリ（アプリケーション，プログラム）です．UWP とは，Windows 10 を特徴付ける新しいアプリケーション実行環境です．UWP は，すべての Windows 10 デバイスに搭載されています．

- **UWP だけを搭載しているデバイス**
  Surface Hub，HoloLens，IoT
- **UWP 以外も搭載しているデバイス**（括弧内は UWP のほかに搭載されているプラットフォーム）
  デスクトップ / ノート / タブレット（従来のデスクトップ用 Windows），スマートフォン（Windows Phone 7.x / 8.x），Xbox One（Xbox ゲーム）

　UWP アプリの作り方は，主に 3 通りあります．UI 定義方法＋プログラミング言語の形で示します．

- **XAML ＋ C#/VB**（WPF に似ている）
- **HTML/CSS ＋ JavaScript**（Web ページに似ている）

- DirectX + C++（ゲーム開発者にはなじみがある）

上のプログラミング方法を見ると，門戸は広く開放されているようです．ところが，デスクトップ用のプログラミングで活躍してきた開発者にとっては，とても大きなハードルがあります．それは，セキュリティへの配慮を強制されることです．

UWP はセキュリティをとても大切にしているプラットフォームで，セキュリティやエンドユーザーのプライバシーを侵害する可能性がある API は，用意されていないか，用意されていても使用に制限が加えられています．たとえば次のような制限があります．

- ネットワーク経由でデータベースサーバーにアクセスできない
- プロセス間通信やプロセス生成はできない
- 任意のファイルにアクセスできない（ダイアログを出してエンドユーザーに選択してもらう）
- 印刷するとき，プレビューダイアログを出してエンドユーザーに操作してもらう必要がある

多くの部分は，クラウドを活用したアーキテクチャ（重要なデータや処理は Web サービス側に配置する）や，エンドユーザーへの啓蒙などで解決できます．しかし，そのようなセキュリティを中心に据えた発想に切り替えるには，おそらく高いハードルを越えなくてはならないでしょう．

Chapter 5 Visual Studio .NET 2003 での新機能

　.NET Framework と C# の開発環境が初めて世に出たのは，2002 年，Visual Studio .NET としてです．このときの .NET Framework はバージョン 1.0，C# もバージョン 1.0 でした．それから .NET Framework も C# も個別にバージョンアップを重ね，そのたびに新機能が追加されてきました．それらの新機能の中には，もちろん LINQ そのものもあります．LINQ の誕生につながるもの，LINQ の活用に役立つ機能もあります．また，LINQ に直接的なかかわりはなくても，ぜひ知っておいてほしい機能もあります．

　これからそういったバージョンアップに伴う新機能を紹介していきますが，.NET Framework と C# のバージョンという括りではなく，Visual Studio のバージョンで章を分けることにしました．そのほうが，新しいバージョンの Visual Studio を使うとなったときに，どんな新機能が増えたのか把握しやすいと考えたからです．

　さて，Visual Studio .NET 2003 では，.NET Framework はバージョン 1.1，C# はバージョン 1.2 になりました．前バージョンの Visual Studio .NET（正式にはバージョン表記無し．便宜上，多くの場合「2002」と呼びます）から見ると，大幅なバージョンアップではないものの，LINQ に欠かせない **foreach 構文**や **IEnumerable インターフェイス**などが追加されました．

5.1 foreach 構文

　foreach 構文では，コレクションの要素を処理するためのループを記述します．ここでコレクションといっているのは，IEnumerable インターフェイス（→

第 3.3 節）を実装したオブジェクトのことです[*6]．

foreach 構文をあらためて示すと，次のリスト 3.1 のようになります．

リスト3.1 foreach構文

```
foreach (型 ループ変数 in コレクション)
{
    // ループごとに，[コレクション] の要素が1つずつ取り出され，
    // [ループ変数] に代入される

    // ループ内では，for構文と同様に以下の文を記述できる
    // break, continue, goto, return
}
```

実際のコードは，たとえば次のリスト 3.2 のようになります．IEnumerable インターフェイスを使う場合は，この例のようにループ変数を元の型にキャストすることになります．

リスト3.2 foreach構文の使用例

```
IEnumerable numbers = new int[]{1, 2, 3, };
foreach (object n in numbers)
{
  if ((int)n % 2 == 0)
    continue;
  WriteLine(n);
}
// 【出力】
// 1
// 3
```

foreach 構文は，IEnumerable インターフェイスの GetEnumerator メソッドが返す IEnumerator 型オブジェクトの MoveNext メソッド / Current プロパティを利用した，while ループの糖衣構文といえます．while ループに書き直す例は，第 1 部 第 6.2 節（リスト 6.2）でも紹介しています．上の foreach ループを while ループに書き直すと，次のリスト 3.3 のようになります．

[*6] 実際には，IEnumerable インターフェイスを実装していなくても，GetEnumerator メソッドを持っていればかまいません．

リスト3.3 foreach構文はwhile構文に書き直すことができる

```
IEnumerator enumerator = numbers.GetEnumerator();
while (enumerator.MoveNext())
{
  object n = enumerator.Current;
  if ((int)n % 2 == 0)
    continue;
  WriteLine(n);
}
```

　foreach ループは，このような while ループと同等ですから，ループ内でコレクションの要素を追加 / 削除してはいけません．途中で変更すると MoveNext メソッドの挙動がどのようになるかわからないからです．そのような用途には，for ループを使います．

　また，Current プロパティは読み取り専用なので，foreach ループ内でコレクションの要素を書き換える（＝ Current プロパティに書き込む）こともできません．そのような用途には，やはり for ループを使うか，LINQ の場合には foreach ループ内で Select 拡張メソッドを使って新しいコレクションを作ることになります．

3.7 デリゲート

　デリゲートは，メソッドをオブジェクトとして扱えるようにします．ラムダ式（→第2章）に繋がっていく機能です．

　デリゲートは型であり，その定義をメソッド内に書くことはできません．また，デリゲートにセットするメソッドも，個別のメソッドとして書く必要があります．そのため，デリゲートを使ったコードの記述は，少々煩雑になります（→リスト 3.4）．

リスト3.4 デリゲートの使用例

```
// コンソールプログラムでデリゲートを使う

class Program
{
  // デリゲート「CalcDelegate型」の定義
```

```
    delegate int CalcDelegate(int n);

    //「CalcDelegate型」にシグネチャが一致するメソッド
    static int Add1(int n)
    {
      return n + 1;
    }

    static void Main(string[] args)
    {
      //「CalcDelegate型」の変数delegateSampleを宣言し，
      // Add1メソッドを渡してインスタンス化
      CalcDelegate delegateSample = new CalcDelegate(Add1);
      // 注：Visual Studio 2005（C# 2.0）からは次のように略記可能
      // CalcDelegate delegateSample = Add1;

      //「CalcDelegate型」の変数delegateSampleを実行
      int result1 = delegateSample(2);

      WriteLine($"デリゲートを介してAdd1(2)を実行：{result1}");
      //【出力】
      // デリゲートを介してAdd1(2)を実行：3
#if DEBUG
      ReadKey();
#endif
    }
}
```

このようにデリゲートの記述は煩雑になるため，**いまとなってはラムダ式で済む場面でデリゲートを使う必要はありません**．

なお，デリゲートにしかない特徴としては，複数のメソッドをセットし，一度に実行できることがあります（マルチキャストデリゲート）．その例を次のリスト3.5に示します．

リスト3.5 マルチキャストデリゲートの例

```
// コンソールプログラムでデリゲートを使う

class Program
```

```csharp
{
  // デリゲート「CalcDelegate2型」の定義
  delegate int CalcDelegate2();

  static int m;

  //「CalcDelegate2型」にシグネチャが一致するメソッド
  // 注：このような副作用に頼るコードは良くないのですが，
  //     サンプルということでお許しください
  static int Add1()
  {
    WriteLine($"m={m}, Add1実行");
    m++;
    return m;
  }
  static int Twice()
  {
    WriteLine($"m={m}, Twice実行");
    m *= 2;
    return m;
  }

  static void Main(string[] args)
  {
    //「CalcDelegate2型」の変数multiDelegateSampleを宣言し，
    // Add1メソッドを渡してインスタンス化
    CalcDelegate2 multiDelegateSample = new CalcDelegate2(Add1);

    // さらに，Twiceメソッドを追加
    multiDelegateSample += Twice;

    //「CalcDelegate2型」の変数multiDelegateSampleを実行
    m = 2;
    int result2 = multiDelegateSample();

    WriteLine($"デリゲートを介してAdd1, Twiceを実行：{result2}");
    //【出力】
    // m = 2, Add1実行
    // m = 3, Twice実行
    // デリゲートを介してAdd1, Twiceを実行：6
```

```
#if DEBUG
    ReadKey();
#endif
  }
}
```

品.品 IEnumerable インターフェイス

IEnumerable は，列挙可能であるという，コレクションに共通の性質を表すインターフェイスです．このジェネリック版（→第 4.1 節）が LINQ の基礎となっていることは，第 1 部第 8.1 節，第 11.2 節で紹介しています．

IEnumerable インターフェイスは GetEnumerator メソッドを持っていて，それは IEnumerator 型のオブジェクトを返します．IEnumerator インターフェイスは，MoveNext メソッドと読み出し専用の Current プロパティを持っていて，それらを使ってコレクションの要素を順に列挙できるのです．この IEnumerable インターフェイスの動作は IEnumerable<T> インターフェイスと同じですので，詳しくは第 1 部第 8.1 節，第 11.2 節をご覧ください．

IEnumerable インターフェイスは，配列を含むあらゆるコレクションで実装されています．

Chapter 4 Visual Studio 2005 での新機能

　Visual Studio 2005 では，.NET Framework はバージョン 2.0（途中から 3.0 も追加），C# はバージョン 2.0 になりました．LINQ に欠かせない**ジェネリック**と**イテレーター**が導入されました．ラムダ式に繋がる**匿名デリゲート**や，拡張メソッドの土台となる**静的クラス**が追加されたのも，このときです．

4.1 ジェネリック

　ジェネリック（*generics*．「**ジェネリクス**」ともいいます）は，**型に依存しないクラスやメソッドの記述方法**です[*7]．
　通常のクラスやメソッドは，扱う型が決まっています．たとえば次のリスト 4.1 の「`Max1`」メソッドは，`int` 型の引数を扱い，`int` 型を返します．

リスト4.1 int型を扱うメソッド

```
static int Max1(int a, int b)
{
  return a > b ? a : b;
}
```

　このメソッドは，次のリスト 4.2 のようにして呼び出します．引数には `int` 型を与え，返り値は `int` 型の変数で受け取ります．

[*7] クラスとメソッドのほかに，インターフェイスとデリゲートもジェネリックにできます．

> **リスト4.2　int型を扱うメソッドを呼び出す**

```
int result1 = Max1(1, 2);
```

　ここまでは何の問題もありませんね？　ところが，次のリスト4.3のように，このメソッドにint型とは異なるdouble型の引数を与えると，どうなるでしょう？

> **リスト4.3　int型を扱うメソッドを呼び出すときにdouble型を渡す**

```
double result2 = Max1(1.2, 2.5);
// これはコンパイルエラー！
```

　これは当然ながら，「'double'から'int'へ変換することはできません」というコンパイルエラーになります．そこで，次のリスト4.4のように，double型を扱う「Max2」メソッドを追加することになります．

> **リスト4.4　double型を扱うメソッド**

```
static double Max2(double a, double b)
{
  return a > b ? a : b;
}
```

　先ほどの「Max1」メソッドとは，扱っている型は異なりますが，やっている処理は同じです．float型やdecimal型を扱おうと思ったら，またそれぞれに対して同じようなメソッドを作らなければなりません．
　これを1つのメソッドとしてまとめて記述できたらいいのに……そんなことを思ったことはありませんか？　それを実現するのがジェネリックです．
　ジェネリックなメソッドでは，扱う型を「型引数」として与えます．**型引数はメソッド名の後ろに「<T>」のようにして記述**します．ここで「T」は，任意の名前です（変数名と同様の命名ルールが適用されます）．メソッド内では，「T」を型として（すなわちクラス名やインターフェイス名の代わりとして）使います．
　上記のメソッドのジェネリック版「Max<T>」は，次のリスト4.5のように書けます．

リスト4.5 ジェネリックなメソッド（型に依存しないメソッド）[*8]

```
static T Max<T>(T a, T b) where T : IComparable
{
  return a.CompareTo(b) > 0 ? a : b;
}
```

　そして，この「Max<T>」メソッドを呼び出すところで，型を確定させます（⇒リスト4.6）．

リスト4.6 ジェネリックなメソッドを呼び出す

```
int result3 = Max<int>(1, 2); // 「T」を「int」としてMaxメソッドを利用
double result4 = Max<double>(1.2, 2.5); // 同様に「double」として利用
```

　このように，ジェネリックメソッドを呼び出すところで，型を指定します[*9]．この例では，「Max<T>」メソッドは，1行目ではint型を扱うメソッドになります．すなわち「int Max (int a, int b)」というメソッドとして振る舞います．そして，2行目ではdouble型を扱うメソッドになり，「double Max (double a, double b)」というメソッドとして振る舞います．
　なお，ジェネリックなメソッドやクラスの型引数は，2つ以上でも宣言できます．その場合は，「<T1, T2>」のようにカンマで区切って並べます[*10]．
　また，ジェネリックメソッドを呼び出すところでコンパイラーが型を推論できる場合には，型の指定を省略できます（⇒リスト4.7）．

リスト4.7 ジェネリックなメソッドを呼び出す（型引数の省略）

```
int result3 = Max(1, 2); // 「<int>」を省略しても推論可能
double result4 = Max(1.2, 2.5); // 「<double>」を省略しても推論可能
```

　次に，ジェネリックなクラスの例を挙げます（⇒リスト4.8）．これは，後入れ先出し（LIFO = *Last In, First Out*）を実現するスタックの簡易的な実装です[*11]．

[*8] ここでは，型制約（「where T 〜」という記述）や，なぜ大小比較ではなくCompareToメソッドを使っているかについては解説しません．実際にジェネリックなメソッドやクラスを書くときにはMSDNドキュメントなどでお調べください．
[*9] このようにジェネリックなメソッドやクラスの扱う型を確定させることを「インスタンス化する」といいます．クラスをインスタンス化してオブジェクトを作ることとは，同じ言葉ですが意味は違うのでご注意ください．
[*10] 「<T1, T2>」では型引数に何を与えればいいのかわかりませんから，実際のコーディングではたとえば「<TSource, TResult>」などのように意味のある名前を工夫してください．
[*11] System.Collections.Generic名前空間にStack<T>クラスがあるので，実際にはこのMyStackクラスを使うことはないでしょう．

リスト4.8　ジェネリックなクラスの例

```
using System.Collections.Generic;

public class MyStack<T>
{
  private List<T> _stack = new List<T>();

  public int Count { get { return _stack.Count; } }

  public void Push(T item)
  {
    _stack.Add(item);
  }

  public T Pop()
  {
    var item = _stack[Count - 1];
    _stack.RemoveAt(Count - 1);
    return item;
  }
}
```

ジェネリックなクラスを作るには，**クラス名の後ろに型引数「<T>」を付けます**．クラスの中では，「T」を型名として使用します．この例のように，与えられた型引数は，他のジェネリックなクラスの型引数としても使えます（「List<T>」の部分）．

ジェネリックなクラスを使うときには，そのオブジェクトを生成するときに型引数に実際の型を与えて扱う型を確定させます（→リスト 4.9）．

リスト4.9　ジェネリックなクラスの使用例

```
var stack = new MyStack<string>(); // 「T」を「string」としてこのクラスを利用
WriteLine($"Count={stack.Count}");
stack.Push("abc");
WriteLine($"Count={stack.Count}");
stack.Push("あいう");
WriteLine($"Count={stack.Count}");
string item1 = stack.Pop();
```

```
WriteLine($"Pop:{item1}, Count={stack.Count}");
string item2 = stack.Pop();
WriteLine($"Pop:{item2}, Count={stack.Count}");
// 【出力】
// Count = 0
// Count = 1
// Count = 2
// Pop: あいう, Count = 1
// Pop: abc, Count = 0
```

　ところで，このジェネリックがなかったとしたら，LINQ拡張メソッドはたいへんなことになっていたでしょう．

　標準のLINQ拡張メソッド（`Where`/`Select`/`Sum`メソッドなど）は，`IEnumerable<T>`インターフェイスを扱うジェネリックなメソッドになっています．もしもジェネリックがなかったら，この`IEnumerable<T>`の`T`ごとに（すなわち，考えられるありとあらゆる型に対して）LINQ拡張メソッドが必要になってしまいます．ユーザー定義のクラスを扱うコレクションには，LINQ拡張メソッドが使えなかったはずです．ジェネリックも，LINQを支えている大きな柱の1つなのです．

4.7 yieldキーワード（反復子，イテレーター）

　`IEnumerable`インターフェイス/`IEnumerator`インターフェイスを実装するときには，`yield return`文が使えます．`yield return`文で，コレクションの要素を1つずつ返します．

　「foreachを使うLINQ拡張メソッド」（→第1部 第10.3節）で`IEnumerable<T>`を返すメソッドを作ったときに，`yield return`文を使いました．その`yield return`文を含んでいる`foreach`ループの部分を**イテレーターブロック（反復子ブロック）**と呼びます[*12]．

　ただし，イテレーターブロックはループである必要はなく，次のリスト4.10の「`SampleIterate`」メソッドのように`yield return`文を並べる形でもかまいません（この場合，「`SampleIterate`」メソッドの中身全体がイテレーターブロックです）．

[*12] 後述する`yield break`文が含まれているブロックもイテレーターブロックです．

4.7 yield キーワード（反復子，イテレーター）

リスト4.10 ループを使わないイテレーターブロックの例

```
static IEnumerable<string> SampleIterate()
{
  WriteLine("SampleIterateメソッド内：開始，1つ目を返す"); // ❷
  yield return "abc";
  WriteLine("SampleIterateメソッド内：2つ目を返す"); // ❹
  yield return "あいう";
}

static void Main(string[] args)
{
  IEnumerable<string> items = SampleIterate();
  WriteLine("SampleIterateメソッドの呼び出し完了"); // ❶

  int i = 1;
  foreach (var s in items)
    WriteLine($"foreachループ {i++} 周目：{s}"); // ❸, ❺
  //【出力】
  // SampleIterateメソッドの呼び出し完了        ← ❶
  // SampleIterateメソッド内：開始，1つ目を返す   ← ❷
  // foreachループ 1 周目：abc                  ← ❸
  // SampleIterateメソッド内：2つ目を返す         ← ❹
  // foreachループ 2 周目：あいう                ← ❺

#if DEBUG
  ReadKey();
#endif
}
```

ここで実行される順序に注目してください．実際の出力結果（コメント内）に，処理された順番を丸付き数字で付記してあります．同じ番号を，ソースコードの対応する行末にもコメントとして付けてあります．

1. 「SampleIterate」メソッドを呼び出したときには，イテレーターブロックは実行されない（❷より先に❶が実行される）
2. その後，foreach ループで列挙するときに初めてイテレーターブロックの実行が始まる
3. イテレーターブロックで yield return すると処理の実行は呼び出し元に

戻る（❷の次に❹へは進まず，❸が実行される）．呼び出し元で次のループに移るときに，先の yield return の次から実行が再開される（❸の後，次のループに移る前に，❹が実行される）

このような動きをするのは，イテレーターブロックが IEnumerator インターフェイスの MoveNext メソッド / Current プロパティ（→ 第 1 部 第 8.1 節）の実装としてコンパイルされるからです．MoveNext メソッドの呼び出しでイテレーターブロックを次の yield return まで進め，Current プロパティの読み出しでその値を返すというわけです．

また，**ループを途中で打ち切って列挙を止める**には **yield break 文**を使います．最後の yield return 文や yield break 文の後に置かれた文は実行されません．

なお，イテレーターブロックはプロパティにも使えます．次のリスト 4.11 をご覧ください．上で説明した yield break 文も併せて使っています．

リスト4.11　プロパティでのイテレーターブロックの例

```csharp
static IEnumerable<string> IterateProperty
{
  get // プロパティでもイテレーターを使用できる
  {
    string s = "これは，プロパティです";
    foreach (char c in s)
    {
      if (char.IsPunctuation(c))
        continue;

      if (c == 'プ')
      {
        yield break; // これで列挙終了
        WriteLine("この行は実行されない");
      }
      yield return c.ToString();
    }
    WriteLine("この行は実行されない");
  }
}

static void Main(string[] args)
```

```
{
  foreach (string s in IterateProperty)
    WriteLine(s);
  //【出力】
  // こ
  // れ
  // は

#if DEBUG
  ReadKey();
#endif
}
```

4.5 匿名メソッド(匿名デリゲート)

匿名メソッドは,**名前のないメソッド**です.

C# 2.0 以前は,デリゲートを利用するときに,通常のメソッドを定義することが必須でした(→第3.2節).匿名メソッドを使うと,デリゲートのインスタンスを作るところで,メソッドの内容を直接記述できます(→リスト4.12).ラムダ式に一歩近づきました[13].

なお,匿名メソッドを使って定義したデリゲートを「**匿名デリゲート**」と呼ぶこともあります.

> **リスト4.12** 匿名メソッドを使ったデリゲート

```
class Program
{
  // デリゲート「CalcDelegate型」の定義(これは匿名デリゲートでも必要)
  delegate int CalcDelegate(int n);

  // C# 1.1 のとき
  //「CalcDelegate型」にシグネチャが一致するメソッド
  // ※C# 1.1では,以下の定義が必須だった.匿名デリゲートでは不要
  static int Add1(int n)
  {
    return n + 1;
```

---

[13] ラムダ式を使えば,匿名メソッドや前章のデリゲートを使う必要はほとんどありません.ですが,デリゲートと匿名メソッドを知らずにラムダ式を理解するのは難しいと思います.

```
    }

    static void Main(string[] args)
    {
        // C# 1.1 のとき
        //「CalcDelegate型」の変数delegateSampleを宣言し，
        // Add1メソッドを代入して初期化
        CalcDelegate delegateSample1 = new CalcDelegate(Add1);

        //「CalcDelegate型」の変数delegateSample1を実行
        int result1 = delegateSample1(2);
        WriteLine($"デリゲートを介してAdd1(2)を実行：{result1}");

        // C# 2.0 では，メソッド定義を別に書かずに済む
        CalcDelegate delegateSample2
            = delegate(int n)
            {
                // Add1メソッドの内容をここに直接書ける（匿名メソッド）
                return n + 1;
            };
        //「CalcDelegate型」の変数delegateSample2を実行
        int result2 = delegateSample2(3);
        WriteLine($"匿名デリゲートを実行：{result2}");

#if DEBUG
        ReadKey();
#endif
    }
}
```

4.4 静的クラス

静的クラスは，**インスタンス化できないクラス**です．クラス宣言に static キーワードを付けます．

静的クラスは，静的なメソッドやプロパティのコンテナーとして役立ちます．また，後に登場する LINQ でも使われる拡張メソッド（→第 1 章）は静的クラスが前提です．

静的クラスは継承できません．インスタンス化できないので，通常のコンス

4.4 静的クラス

トラクターもありません．ただし，**静的コンストラクター**を使って，クラスが利用される前に初期化処理を行うことはできます（→ リスト 4.13）．**独自の拡張メソッドを書くときに初期化処理が必要なとき**は，この静的コンストラクターで行います．

リスト4.13 静的クラスの例

```csharp
// 静的クラス
public static class SampleClass
{
  private static DateTimeOffset _start;

  // 静的コンストラクター
  // アクセス修飾子無し，引数無し
  // このクラスの静的メンバーが初めて使われるときに実行される
  static SampleClass()
  {
    _start = DateTimeOffset.Now;
    WriteLine("静的コンストラクター実行");
  }

  public static double ElapsedSeconds
  {
    get
    {
      return DateTimeOffset.Now.Subtract(_start).TotalSeconds;
    }
  }
}

class Program
{
  static void Main(string[] args)
  {
    WriteLine("Mainメソッド開始");
    //【出力】
    // Mainメソッド開始

    System.Threading.Thread.Sleep(1000); // 約1秒待機
```

```
        WriteLine("1秒経過");
        //【出力】
        // 1秒経過

        WriteLine($"静的クラス呼び出し：{SampleClass.ElapsedSeconds}秒");
        //【出力例】
        // 静的コンストラクター実行
        // 静的クラス呼び出し：0.0049994秒
        // ※静的クラスのメンバーが最初に呼び出されるときに,
        //   静的コンストラクターが実行されている

        System.Threading.Thread.Sleep(1000); // 約1秒待機

        WriteLine($"静的クラス呼び出し：{SampleClass.ElapsedSeconds}秒");
        //【出力例】
        // 静的クラス呼び出し：1.006秒
#if DEBUG
        ReadKey();
#endif
    }
}
```

4.5 パーシャル型

partial キーワードを付けることで，**クラス / インターフェイス / 構造体の定義を複数のソースファイルに分けることができます**．

Windowsフォーム（→付録 第5章）／WPF（→付録 第6章）／UWP（*Universal Windows Platform*）などの自動生成される画面定義のクラスで利用されています．**パーシャル型**はそのためのものだと考えておくのがよいでしょう．あるいは，自動生成されたクラスに機能を追加するときも，パーシャル型は有効でしょう（自動生成し直すと，自動生成される部分が上書きされてしまうような場合）．

また，クラス内で意味のあるまとまりを別のソースファイルに分ける用途にも使えます．たとえば，IEnumerable<T> インターフェイスを実装した部分だけを別ファイルにする場合などです．ただし，自作のクラスが単に大きくなってしまったときは，パーシャル型でファイルを意味なく分割するのではなく，ク

ラス設計を見直すべきです．

4.6 Nullable<T>型(null許容型)

データベースの数値カラムにはnullを割り当てられますが，C#の数値型には割り当てられません．そのギャップを埋めるのがNullable<T>型です（→リスト4.14）．

リスト4.14 null許容型の宣言と初期化

```
// 整数のnull許容型を宣言し，123で初期化
Nullable<int> num1 = 123;

// 整数のnull許容型を宣言し，nullで初期化
Nullable<int> num2 = null;

//「?」を使って省略表現（こちらが一般的）
int? num3 = null;
```

null許容型が値を持っているかどうか（nullかどうか）を判定するには，Nullable<T>型のHasValueプロパティを使うか，従来どおりnullとの比較をします（→リスト4.15）．また，null許容型から値を取り出すためにはValueプロパティが用意されています．

リスト4.15 null許容型のnull判定

```
if (num1.HasValue)
  WriteLine("num1はnullではありません");

// 従来のようにnullと比較してもよい
if (num2 == null)
  WriteLine("num2はnullです");
```

null許容型を，「nullの場合は○○とする」というルールのもとに通常の値型に変換する場合には，同時に導入された「??」演算子を利用できます（→リスト4.16）．

リスト4.16 null許容型を「??」演算子を使って値型に変換する

```
int result1 = num1 ?? -1;
int result2 = num2 ?? -1;
WriteLine($"num1={result1}, num2={result2}");
//【出力】
// num1=123, num2=-1

//「??」演算子は次の三項演算子を使ったコードと同じ
int result3 = num3.HasValue ? num3.Value : -1;

//「??」演算子は従来の参照型にも使える
string s4 = "abc";
string s5 = null;
string result4 = s4 ?? "(NULL)";
string result5 = s5 ?? "(NULL)";
WriteLine($"s4={result4}, s5={result5}");
//【出力】
// s4=abc, s5=(NULL)
```

なお，標準のLINQ拡張メソッドには，第1部 第2.6節で紹介したようにnull許容型に対応したものが多くあります．「Whereメソッドを使ってnullを取り除かなきゃ！」と考える前に，一度調べてみるべきポイントです．

Chapter 5 Visual Studio 2008 での新機能

　Visual Studio 2008 では，.NET Framework はバージョン 3.5，C# はバージョン 3.0 になりました．**このときに LINQ が導入された**のです．LINQ を支える**拡張メソッド**と**ラムダ式**，LINQ の活用に役立つ**匿名型**や**クエリ式**など，多くの機能も追加されました．

5.1 var キーワード

　var キーワードは，ローカル変数に対して暗黙の型指定を行います．これは型を指定しないという意味ではありません．C# の変数には必ず型を指定しなければならないというルールには変わりはないのです．コンパイラーが型を推論できる場合には，型名の代わりに var と書けるのです．

　var キーワードを利用できる場合，実際に次のリスト 5.1 のように型が特定されます．推論できない場合には，コンパイルエラーになります．

リスト5.1　varを使ったローカル変数の宣言

```
var a = 1;
var b = 1.0f;
var c = 1.0;
var d = null; // コンパイルエラー

WriteLine($"変数aの型は{a.GetType().Name}");
WriteLine($"変数bの型は{b.GetType().Name}");
WriteLine($"変数cの型は{c.GetType().Name}");
//【出力】
```

```
// 変数aの型はInt32
// 変数bの型はSingle
// 変数cの型はDouble
```

ジェネリックによって型の宣言に型引数が加わり，とても長い型名が出現するようになりました．たとえば「IReadOnlyDictionary<DateTimeOffset, string>」などという長い名前が頻繁に出てくるようになったのです．var キーワードにより，そのような型のローカル変数も簡潔に宣言できるようになりました．

なお，匿名型（⇒第 5.3 節）には型の名前がないので，それを受け取るローカル変数は var で宣言するほかありません．

5.2 拡張メソッド

拡張メソッドは，既存のクラスに手を加えることなく，既存のクラスにメソッドを追加する仕組みです．これがなければ LINQ は成立しなかったことでしょう．

拡張メソッドについては，第 1 章で詳しく説明していますのでそちらをご覧ください．

5.3 匿名型

匿名型は，名前のないクラスです．ただし，メンバーには読み取り専用のプロパティしか持てません．そのため，宣言と同時にすべてのプロパティを初期化する必要があります．

匿名型にはクラス名（型名）がないので，そのインスタンスを保持する変数を宣言するには var キーワード（⇒第 5.1 節）を使います．コンパイル時には自動生成された型名が与えられますが，それはコードで使用できるような名前ではありません（⇒リスト 5.2）．

リスト5.2 匿名型の使用例

```
// 匿名型の初期化と，それを格納するローカル変数a
var a = new {
            FirstName = "康彦",
```

```
            LastName = "山本",
        };

// a.LastName = "高橋"; // 読み取り専用なので代入はコンパイルエラー
WriteLine($"a.LastName={a.LastName}, a.FirstName={a.FirstName}");
WriteLine($"匿名型変数aの型名は「{a.GetType().Name}」");
//【出力例】
// a.LastName=山本, a.FirstName=康彦
// 匿名型変数aの型名は「<>f__AnonymousType0`2」
```

匿名型がなかったとしたら，LINQ の Select 拡張メソッドなどがとても使いづらいものになっていたことでしょう．匿名型のおかげで，Select 結果を格納するクラス定義をいちいち書かなくても済むのです（⇒ リスト 5.3）．

リスト5.3 LINQのSelect拡張メソッドで匿名型を使う例

```
// 日付型のコレクションを用意する
var firstWeek = new List<DateTimeOffset>();
var firstDay = new DateTimeOffset(2016, 1, 1, 0, 0, 0,
                                  TimeSpan.FromHours(9.0));
foreach (var n in Enumerable.Range(0, 7))
  firstWeek.Add(firstDay.AddDays(n));

// 匿名型を使って，曜日の名前とその文字列長を取り出す
var x
  = firstWeek.Select(d =>
              new {
                    DayOfWeek = d.DayOfWeek.ToString(),
                    Length = d.DayOfWeek.ToString().Length,
                  });
WriteLine($"匿名型コレクションの変数xの型名は「{x.GetType().Name}」");
bool reported = false;
foreach (var y in x)
{
  // ここでyは匿名型，xは匿名型オブジェクトのコレクション
  if (!reported)
  {
    reported = true;
    WriteLine($"匿名型変数yの型名は「{y.GetType().Name}」");
```

```
    }
    WriteLine($"DayOfWeek={y.DayOfWeek}, Length={y.Length}");
}
//【出力例】
// 匿名型コレクションの変数xの型名は「WhereSelectListIterator`2」
// 匿名型変数yの型名は「<>f__AnonymousType1`2」
// DayOfWeek=Friday, Length=6
// DayOfWeek=Saturday, Length=8
// DayOfWeek=Sunday, Length=6
// DayOfWeek=Monday, Length=6
// DayOfWeek=Tuesday, Length=7
// DayOfWeek=Wednesday, Length=9
// DayOfWeek=Thursday, Length=8
```

もしも匿名型がなかったとしたら，上のコードでは，曜日の名前と文字列長を格納するクラスの定義が別途必要になります．

5.4 ラムダ式

ラムダ式とは，**形式的にはメソッドの簡略記法**です．LINQ の拡張メソッドは多くの場合，引数としてラムダ式を取ります．LINQ にはなくてはならないものです．

ラムダ式については，第 2 章で詳しく説明していますのでそちらをご覧ください．

5.5 オブジェクト初期化子

オブジェクト初期化子を使うと，クラスのインスタンスを作るために **new する**とき，**同時にプロパティの設定も行えます**．従来は，オブジェクトを作成してから，行を変えてプロパティの設定をしていました．

これも匿名型（● 第 5.3 節）と同様に，LINQ の **Select** 拡張メソッドなどで威力を発揮します（● リスト 5.4）．もちろん，それ以外のコーディングでも活用できます．

リスト5.4　LINQのSelect拡張メソッドでオブジェクト初期化子を使う例

```
public class Point
{
  public int x { get; set; }
  public int y { get; set; }
}

class Program
{
  static void Main(string[] args)
  {
    // y = x ^ 2 (x,yは整数) となる点の並びを作る

    // オブジェクト初期化子を利用する
    IEnumerable<Point> points1
      = Enumerable.Range(0, 3)
                  .Select(n => new Point { x = n, y = n * n,});
    foreach (var p in points1)
      WriteLine($"x={p.x}, y={p.y}");

    // オブジェクト初期化子を利用しない (IQueryableには使えない)
    IEnumerable<Point> points2
      = Enumerable.Range(0, 3)
                  .Select(n =>
                          {
                            var p = new Point();
                            p.x = n;
                            p.y = n * n;
                            return p;
                          });
    foreach (var p in points2)
      WriteLine($"x={p.x}, y={p.y}");
    // 【出力】
    // x=0, y=0
    // x=1, y=1
    // x=2, y=4

#if DEBUG
    ReadKey();
#endif
```

```
    }
}
```

5.6 コレクション初期化子

コレクション初期化子を使うと，コレクションのインスタンスを作るために**new**するとき，配列と同様に，要素の設定も同時に行えます（→ リスト5.5）。従来は，コレクションを作成してから，行を変えて1つずつ要素を追加していました。

リスト5.5 コレクション初期化子の例

```
// 配列の初期化
int[] array1 = new int[] { 1, 2, 3, };
foreach (int n in array1)
    WriteLine($"{n}");

// コレクションの初期化（コレクション初期化子を使用）
List<int> list1 = new List<int> { 1, 2, 3, };
foreach (int n in list1)
    WriteLine($"{n}");

// コレクションの初期化（従来の書き方）
List<int> list2 = new List<int>();
list2.Add(1);
list2.Add(2);
list2.Add(3);
foreach (int n in list2)
    WriteLine($"{n}");
// 【出力】
// 1
// 2
// 3
```

コレクション初期化子を使うことで，匿名型のメンバーにコレクションを含めることができます。LINQ の **Select** 拡張メソッドなどで威力を発揮します（→ リスト5.6）。

リスト5.6 匿名型のメンバーとしてList<int>型のコレクションを作る例

```
var result
  = Enumerable.Range(1, 3)
    .Select(n => new { Numbers = new List<int> { n, n + 1, n + 2, }, });
foreach (var a in result)
  WriteLine($"{a.Numbers[0]}, {a.Numbers[1]}, {a.Numbers[2]}");
// 【出力】
// 1, 2, 3
// 2, 3, 4
// 3, 4, 5
```

5.7 配列宣言の型省略(暗黙的に型指定される配列)

配列宣言の型省略の機能を使うと，配列の宣言と同時に初期化するとき（推論可能な場合には）**newの後ろの型名を省略できます**（⇒リスト5.7）．それをvarで受けると，まったく型名を記述しなくても済みます．この機能は「**暗黙的に型指定される配列**」とも呼ばれます．

リスト5.7 配列宣言の型省略の例

```
// 従来の書き方（左辺だけに型名を指定する場合）
int[] array1 = { 1, 2, 3, };
WriteLine($"array1の型は{array1.GetType().Name}");

// varを使って，右辺に型名を指定
var array2 = new int[] { 1, 2, 3, };
WriteLine($"array2の型は{array2.GetType().Name}");

// 配列宣言の型省略（左辺/右辺とも型名を省略可能）
var array3 = new[] { 1, 2, 3, };
WriteLine($"array3の型は{array3.GetType().Name}");
// 【出力】
// array3の型はInt32[]

// 型を推論できないときはコンパイルエラー
// var array4 = new[] { null, null, null, };
// var array5 = new[] { 1, "abc", };
```

暗黙的に型指定される配列を使うことで，匿名型のメンバーとして匿名型の配列を与えることができます．LINQ の `Select` 拡張メソッドなどで威力を発揮します（→ リスト 5.8）．

リスト5.8 匿名型のメンバーとして匿名型の配列を作る例

```
var result
  = Enumerable.Range(1, 3)
    .Select(n => new { Numbers = new[]
                        {
                          new { Base=n, Negative=-n, },
                          new { Base=-n, Negative=n, },
                        },
                      });
int count = 1;
foreach (var a in result)
{
  WriteLine($"{count++}番目の匿名型の配列");
  int index = 0;
  foreach (var n in a.Numbers)
    WriteLine($"要素[{index++}]: Base={n.Base}, Negative={n.Negative}");
}
// 【出力】
// 1番目の匿名型の配列
// 要素[0]: Base=1, Negative=-1
// 要素[1]: Base=-1, Negative=1
// 2番目の匿名型の配列
// 要素[0]: Base=2, Negative=-2
// 要素[1]: Base=-2, Negative=2
// 3番目の匿名型の配列
// 要素[0]: Base=3, Negative=-3
// 要素[1]: Base=-3, Negative=3
```

5.8 自動実装プロパティ

自動実装プロパティは，**単純なプロパティの場合の省略記法**です．プロパティの値を保持するための `private` なメンバー変数は，自動的に生成されます（→ リスト 5.9）．`get` と `set` の両方が必須という少々面倒な制約がありますが，そ

のあたりは Visual Studio 2015（⬅ 第 8.1 節）で改善されています．

リスト5.9　自動実装プロパティの例

```
public class SampleClass
{
  // 自動実装プロパティ（外部から読み書き可能）
  public string Name { get; set; }

  // 従来の書き方
  private string _name1;
  public string Name1 {
    get { return _name1; }
    set { _name1 = value; }
  }
  // ※この「_name1」メンバー変数に相当するものが，
  //   自動実装プロパティでは自動生成される（コードからアクセスは不可）

  // 自動実装プロパティ（外部からは読み取りのみ）
  // C# 3.0では，getとsetの両方とも記述しなければならないので，
  // 読み取り専用にしたい場合は，setをprivateにする
  public string Id { get; private set; }

  public SampleClass(string id)
  {
    Id = id;
  }
}
```

LINQ の `Select` 拡張メソッドなどの結果をメソッドの返り値にしたい場合，匿名型は返り値にできないので，結果を格納するクラスを作らなければなりません．そのようなクラスにはプロパティをたくさん書くことになりますが，自動実装プロパティでずいぶん楽になります．

5.9 パーシャルメソッド

パーシャルメソッドを使うことにより，**パーシャル型**（⬅ 第 4.5 節）**を作るときに，片方にメソッドの定義を，他方にメソッドの実装を書くことができます**（⬅ 次ページリスト 5.10）．コードを自動生成するときにメソッドの定義だ

けを作っておき，別のファイルでメソッドの実装をするといった用途に使います．ただし，LINQ を活用する場面では，パーシャルメソッドを利用することはまずないでしょう．

リスト5.10 パーシャルメソッドの例

```
// パーシャルクラスの一方
public partial class SampleClass
{
  public string FullName { get; private set; }

  public static SampleClass Create1(string firstName, string lastName)
  {
    var instance = new SampleClass();
    instance.SetFullName1(firstName, lastName); //パーシャルメソッド呼び出し
    return instance;
  }

  public static SampleClass Create2(string firstName, string lastName)
  {
    var instance = new SampleClass();
    instance.SetFullName2(firstName, lastName); //パーシャルメソッド呼び出し
    return instance;
  }

  // パーシャルメソッドの定義
  // ※void型でなければならない．また，暗黙にprivateになる
  partial void SetFullName1(string firstName, string lastName);
  partial void SetFullName2(string firstName, string lastName);
}

// パーシャルクラスの他方
public partial class SampleClass
{
  // パーシャルメソッドの実装
  partial void SetFullName1(string firstName, string lastName)
  {
    this.FullName = $"{lastName} {firstName}";
  }
}
```

```
    // SetFullName2は未実装
    //
    // ※実装がないときは,
    //    そのパーシャルメソッドを呼び出している部分が無視される
    //    (コンパイルエラーにはならない)
  }

class Program
{
  static void Main(string[] args)
  {
    var s1 = SampleClass.Create1("康彦", "山本");
    WriteLine($"FullName:「{s1.FullName}」");
    var s2 = SampleClass.Create2("康彦", "山本");
    WriteLine($"FullName:「{s2.FullName}」");
    //【出力】
    // FullName:「山本 康彦」
    // FullName:「」

#if DEBUG
    ReadKey();
#endif
  }
}
```

5.10 クエリ式

　クエリ式は，SQL 文に似た形式で LINQ の処理を記述できます．詳しくは第1部第9章で説明していますので，そちらをご覧ください．

Chapter 6 Visual Studio 2010 での新機能

　Visual Studio 2010 では，.NET Framework はバージョン 4.0，C# もバージョン 4.0 になりました．LINQ の処理を自動的に並列実行する **PLINQ** が導入されました．

6.1 省略可能な引数（オプション引数）

　省略可能な引数（**オプション引数**）の機能を使うことによって，**メソッドの宣言部分で引数に省略時の値を指定できます**．呼び出す側では，その引数を省略できます（➡リスト 6.1）．

リスト6.1　省略可能な引数の例

```
static int Increment1(int n, int step = 1)
// 引数nは必須，引数stepは省略可能（この例では，省略時は1）
// 省略可能な引数は，必須の引数の後ろにしか書けない
{
  return n + step;
}

// 従来はOptional属性(System.Runtime.InteropServices名前空間)を使っていた
static int Increment2(int n,
                [Optional, DefaultParameterValue(1)] int step)
{
  return n + step;
}
```

```
static void Main(string[] args)
{
    // 引数をすべて指定
    int n1 = Increment1(1, 2);
    WriteLine($"Increment1(1, 2)={n1}");
    //【出力】
    // Increment1(1, 2)=3

    // 引数を省略
    int n2 = Increment1(1);
    WriteLine($"Increment1(1)={n2}");
    //【出力】
    // Increment1(1)=2

    // 従来の方法
    int n3 = Increment2(2);
    WriteLine($"Increment2(2)={n3}");
    //【出力】
    // Increment2(2)=3

#if DEBUG
    ReadKey();
#endif
}
```

　たとえば LINQ の拡張メソッドとして，引数にラムダ式を取るものと取らないものの2種類を作るとき，省略可能な引数を使えば1つのメソッドで済みます．なお，省略可能な引数の既定値は，コンパイル時に解決されます．既定値を変更した場合には，メソッドを呼び出している側も再コンパイルが必要になりますので，ご注意ください[14]．

6.2 名前付き引数

　名前付き引数を使うと，メソッドを呼び出すときに，引数の名前を指定できます．呼び出すときに引数の順序を入れ替えることもできます．また，省略可

---

[14] クラスライブラリなど，広く使われることが前提のメソッドでは，省略可能な引数を使わないほうが良いでしょう．そのような場合には，従来どおりメソッドのオーバーロードで対処したほうが良いです．

能な引数（→第 6.1 節）と組み合わせると，どの引数を使っているのかが明確になります（→リスト 6.2）．

リスト6.2　名前付き引数の例

```
// 通常のメソッド
static int Subtract(int a, int b)
{
  return a - b;
}

// 省略可能な引数を持つメソッド
static int SampleMethod(int x=1, int y=2, int z=3)
{
  return x + y + z;
}

static void Main(string[] args)
{
  // 名前付き引数を使って，引数の順序を入れ替える
  int n1 = Subtract(b: 1, a: 2);
  WriteLine($"Subtract(b: 1, a: 2)={n1}");
  //【出力】
  // Subtract(b: 1, a: 2)=1

  // 名前付き引数を使って，省略可能な引数の途中だけを指定する
  int n2 = SampleMethod(y: 4);
  WriteLine($"SampleMethod(y: 4)={n2}");
  //【出力】
  // SampleMethod(y: 4)=8

  // 注意：名前付き引数は「:」
  //「=」を使うと，呼び出し側のスコープにある変数になってしまう
  int a, b;
  int n3 = Subtract(b=1, a=2);
  WriteLine($"Subtract(b=1, a=2)={n3}");
  //【出力】
  // Subtract(b=1, a=2)=-1

#if DEBUG
```

```
  ReadKey();
#endif
}
```

　省略可能な引数と名前付き引数は，COM インターフェイスでよく見かける多数の省略可能な引数を持ったメソッドを呼び出すときに便利です（たとえばExcel を呼び出すときなど）．また，多数の省略可能な引数を持ったコンストラクターを呼び出すときも，省略可能な引数と名前付き引数を使うと簡潔かつ明瞭に書けます．LINQ の Select 拡張メソッドに渡すラムダ式はオブジェクトを生成するために煩雑になりやすいものですが，そのような場面で役に立ちます．

6.6 共変性と反変性

　共変性と**反変性**は，**ジェネリックなクラス間でキャストできる方向を決める機能**です．

　ジェネリックなクラスを暗黙のうちにキャストすることを考えます．型引数が暗黙のうちにキャストできるとき，その**ジェネリックなクラスも同じ方向に暗黙のうちにキャストできる場合**，**共変性**があるといいます．**逆の方向に暗黙のうちにキャストできる場合**は，**反変性**があるといいます（→図 6.1，次ページリスト6.3）．

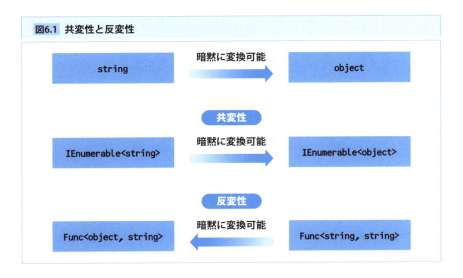

図6.1 共変性と反変性

リスト6.3 共変性と反変性の例

```
// 共変性
IEnumerable<string> se = new[]{ "abc", "あいう", };
// seはstring型のコレクションなので，stringのメソッドを呼び出せる
WriteLine($"{se.First().Substring(0,1)}");
//【出力】
// a

// ↓object型のコレクションにキャスト（暗黙の型変換）

IEnumerable<object> oe = se;
// oeはobject型のコレクションなので，stringのメソッドは呼び出せない
// WriteLine($"{oe.First().Substring(0, 1)}"); // コンパイルエラー
foreach (object o in oe)
  WriteLine($"{o.ToString()}"); // ToStringメソッドはobject型にもある
//【出力】
// abc
// あいう

// 反変性
Func<object, string> od = o => o.GetType().Name;
// odは引数にobject型を取るデリゲートなので，DateTimeOffset型も渡せる
WriteLine($"{od(DateTimeOffset.Now)}");
//【出力】
// DateTimeOffset

// ↓string型のデリゲートにキャスト（暗黙の型変換）

Func<string, string> sd = od;
// sdは引数にstring型を取るデリゲートなので，DateTimeOffset型は不可
// WriteLine($"{sd(DateTimeOffset.Now)}"); // コンパイルエラー
WriteLine($"{sd("abc")}");
//【出力】
// String
```

ジェネリックでこのような**共変性/反変性を実現するために，型引数に付けるキーワードout / in**が導入されました．また，型引数にoutもinも付いていないときは，他の型に暗黙のうちにキャストできません．これを**不変性**といいます．

ジェネリッククラスなどの定義を見ると out / in キーワードが付いているものがありますが（→ リスト 6.4），それは上記のような共変性 / 反変性 / 不変性を表しているのです．LINQ を使いこなすためにこの見分け方を知っておいてください．ジェネリッククラスが暗黙のうちにキャストできるかどうかは，定義に out / in キーワードが付いているかどうかを見ればよいのです．ただし，実際のコーディングでジェネリッククラスを作ることはそんなにあることではないうえに，ジェネリッククラスを作るときでもたいていは不変でよいことが多いので，out / in キーワードを書く機会はまずありません．

リスト6.4 out / inキーワードが付いている定義の例

```
// IEnumerable<T>の型引数にはoutキーワードが付いている（共変）
public interface IEnumerable<out T>

// Action<T>デリゲートの型引数にはinキーワードが付いている（反変）
public delegate void Action<in T>(T obj);

// IList<T>の型引数にはoutキーワードもinキーワードも付いていない（不変）
public interface IList<T>
```

ところで，LINQ の処理を書いているときに，この共変性 / 反変性を越えてキャストしたいこともあるでしょう．そのようなときには，**Cast 拡張メソッド**が利用できる場合もあります（→ リスト 6.5）．

リスト6.5 Cast拡張メソッドの使用例

```
List<string> sl = new List<string> { "abc", "あいう", };
// List<T>は不変（共変でも反変でもない）
// そのため，List<object>にキャストできない
// List<object> ol = sl; // コンパイルエラー
// List<object> ol = (List<object>)sl; // コンパイルエラー

// Cast拡張メソッドを使う
List<object> ol = sl.Cast<object>().ToList();

// ただし，上のコードはコレクションの新しい実体を生成している
// 要素を書き換えても元のコレクションには反映されないので注意
ol[0] = "ABC";
```

```
WriteLine($"ol[0]={ol[0]}");
WriteLine($"sl[0]={sl[0]}");
// 【出力】
// ol[0]=ABC
// sl[0]=abc
```

6.4 PLINQ

Parallel LINQ（PLINQ）は，LINQ の処理をマルチスレッドを使った並列実行にしてくれます．端的にいうと，`AsParallel` 拡張メソッドを呼び出すだけで，それ以降の LINQ 式を自動的に適切な数のスレッドを使って並列実行してくれるのです[*15]（▶ リスト 6.6）．

リスト6.6　PLINQの使用例

```
static string SampleMethod(int n)
{
  var id = System.Threading.Thread.CurrentThread.ManagedThreadId;
  WriteLine($"START: n={n}, ThreadId={id}");

  // マルチスレッド動作を確認しやすくするためランダムな時間を待機
  System.Threading.Thread.Sleep(100 + (new Random()).Next(100));

  var result = $"result={n}";
  WriteLine($"END:   n={n}, ThreadId={id}");
  return result;
}

static void Main(string[] args)
{
  IEnumerable<int> numbers = Enumerable.Range(1, 5);

  // 通常のLINQ
  IEnumerable<string> results1
    = numbers.Select(n => SampleMethod(n));
```

[*15] 既定ではCPUの論理コアの数だけスレッドを使うようです．`WithDegreeOfParallelism` 拡張メソッドを使ってスレッド数を指定することもできます．なお，CPUの論理コアが1つの場合は並列実行にならないようです．また，LINQのループが独立していない場合（たとえば，1つ前のループの結果に影響されるような場合）には，並列実行されません．

```csharp
    foreach (var s in results1)
      WriteLine(s);

    WriteLine();

    // PLINQ
    ParallelQuery<string> results2
      = numbers.AsParallel().Select(n => SampleMethod(n));
    foreach (var s in results2)
      WriteLine(s);

    WriteLine();

    // PLINQ(順序保持)
    ParallelQuery<string> results3
      = numbers.AsParallel().AsOrdered().Select(n => SampleMethod(n));
    foreach (var s in results3)
      WriteLine(s);
#if DEBUG
    ReadKey();
#endif
}
```

 上のコードでは3パターンの処理を実行しています.それぞれの実行結果をお見せしましょう.

 まず最初は,通常の LINQ です(⮕図 6.2).

図6.2 通常のLINQの結果

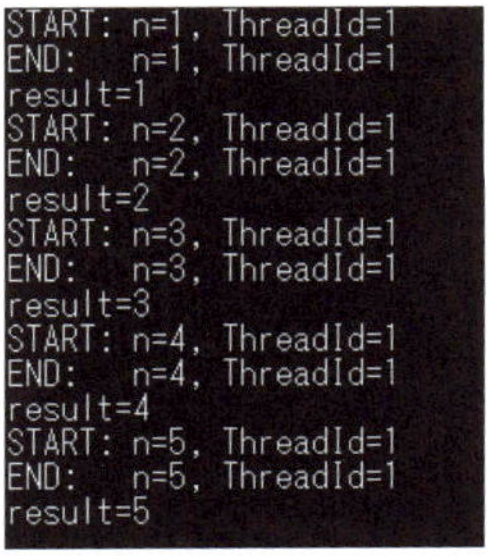

```
START: n=1, ThreadId=1
END:   n=1, ThreadId=1
result=1
START: n=2, ThreadId=1
END:   n=2, ThreadId=1
result=2
START: n=3, ThreadId=1
END:   n=3, ThreadId=1
result=3
START: n=4, ThreadId=1
END:   n=4, ThreadId=1
result=4
START: n=5, ThreadId=1
END:   n=5, ThreadId=1
result=5
```

Select拡張メソッドから呼び出されたSampleMethodメソッドの処理が終わってから，foreachループ内でのコンソールへの書き出しが，順番に実行されています．通常の処理なので，1つのスレッドの上だけで処理が実行されています．

次にPLINQの場合です（● 図6.3）．マルチスレッドで実行するため，実行するたびにその実行順序は変わります．

図6.3 PLINQの結果（例）

この例では，論理4コアのCPUで実行しており，4つのスレッドが使用されています（**ThreadId**が3/4/5/6の4通り）．SampleMethodメソッドの開始順序には，順番の入れ替わりが見られます（n=4の処理が始まった後でn=2の処理が始まっています）．resultの出力にも順番の入れ替わりがあります（n=4のresultが表示された後でn=3のresultが表示されています）．これらはすべて，並列実行の特徴です．

そして，順序を保持するように指定したときのPLINQです（● 図6.4）．**AsOrdered拡張メソッド**を呼び出すと，それ以降のPLINQは出力される順序が保持されます．

SampleMethodメソッドの実行順には順番の入れ替わりがありますが，結果を表示しているところでは順番どおりになっています．ただし，すべてのSampleMethodメソッドの処理が終わってからforeachループ内のコンソール出力が始まっていることに注目してください．順序を保証するために，すべての並列処理が完了するまで待たされているのです．

図6.4 順序を保持するPLINQの結果（例）

```
START: n=3, ThreadId=3
START: n=1, ThreadId=6
START: n=2, ThreadId=4
START: n=4, ThreadId=5
END:   n=1, ThreadId=6
START: n=5, ThreadId=6
END:   n=3, ThreadId=3
END:   n=2, ThreadId=4
END:   n=4, ThreadId=5
END:   n=5, ThreadId=6
result=1
result=2
result=3
result=4
result=5
```

　このようにとても簡単に並列処理ができるPLINQですが，マルチスレッドにしたからといってつねに高速になるとは限りません．並列処理の準備にはかなりの負荷がかかります．そのため，拡張メソッド内の処理が簡単なものでは，かえって遅くなってしまうこともあります．実際に効果を計測して，PLINQを採用するかどうか判断してください．

　なお，C#の並列処理については，拙著『C#によるマルチコアのための非同期／並列処理プログラミング』（技術評論社刊）で詳しく解説しています．

Chapter 7 Visual Studio 2012 での新機能

Visual Studio 2012 では，.NET Framework はバージョン 4.5，C# はバージョン 5.0 になりました．新機能の数は少ないですが，非同期処理記述の「革命」，**async** / **await** キーワードが導入されています．ただし，LINQ の中で async / await を利用するときは，注意が必要です．

7.1 呼び出し元情報(Caller Info)属性

呼び出し元情報属性を使うと，**呼び出し元に関する情報が取得できます**（リスト 7.1）．呼び出し元のメソッド名を必要とする処理などで便利です．また，例外のメッセージやエラーログなどに呼び出し元の情報を含めておくとデバッグの助けになるでしょう．不特定のコードから利用される LINQ の拡張メソッドなどで活用できます．

リスト7.1 呼び出し元情報属性の使用例

```
using System.IO;
using System.Runtime.CompilerServices;
using static System.Console;

public class SampleClass
{
    // Caller Info（呼び出し元情報）には3つの属性がある
    // CallerMemberName, CallerFilePath, CallerLineNumber
    // これらの属性は，省略可能な引数に付ける
```

```csharp
    public static void ShowCallerInfo(
        string message,
        [CallerMemberName] string callerMemberName = "",
        [CallerFilePath] string callerFilePath = "",
        [CallerLineNumber] int callerLineNumber = 0
      )
    {
      WriteLine(message);
      WriteLine($"CallerMemberName = {callerMemberName}");
      WriteLine($"CallerFileName = {Path.GetFileName(callerFilePath)}");
      WriteLine($"CallerLineNumber = {callerLineNumber}");
      WriteLine();
    }

    public SampleClass()
    {
      ShowCallerInfo("SampleClassのコンストラクターから呼び出し：");
    }

    public void SampleMethod()
    {
      ShowCallerInfo("SampleMethodメソッドから呼び出し：");
    }

    public string SampleProperty
    {
      get
      {
        ShowCallerInfo("SamplePropertyプロパティから呼び出し：");
        return null;
      }
    }
}

class Program
{
  static void Main(string[] args)
  {
    SampleClass.ShowCallerInfo("Mainメソッドから呼び出し：");
    // 【出力】
```

```csharp
        // Mainメソッドから呼び出し：
        // CallerMemberName = Main
        // CallerFileName = Program.cs
        // CallerLineNumber = 49

        var s = new SampleClass();
        //【出力】
        // SampleClassのコンストラクターから呼び出し：
        // CallerMemberName = .ctor
        // CallerFileName = Program.cs
        // CallerLineNumber = 27

        s.SampleMethod();
        //【出力】
        // SampleMethodメソッドから呼び出し：
        // CallerMemberName = SampleMethod
        // CallerFileName = Program.cs
        // CallerLineNumber = 32

        var t = s.SampleProperty;
        //【出力】
        // SamplePropertyプロパティから呼び出し：
        // CallerMemberName = SampleProperty
        // CallerFileName = Program.cs
        // CallerLineNumber = 39

        // Caller Infoを与えてやれば，呼び出し元を隠せる
        SampleClass.ShowCallerInfo(
            "Mainメソッドから呼び出し（情報隠蔽）：",
            "Fake Name", "Fake File", -999
          );
        //【出力】
        // Mainメソッドから呼び出し（情報隠蔽）：
        // CallerMemberName = Fake Name
        // CallerFileName = Fake File
        // CallerLineNumber = -999

#if DEBUG
        ReadKey();
#endif
```

```
    }
}
```

7.2 async/awaitキーワード

async/await キーワードは，タスク並列ライブラリ（**TPL**，*Task Parallel Library*）**を使った非同期処理の糖衣構文**です．

TPLは，文字どおりタスクを並行に実行するためのライブラリで，Visual Studio 2010で導入されました．非同期処理（異なる複数の処理を同時に実行する）と並列処理（1つの処理を複数に分割して同時に実行する）のプログラミングをサポートします．

TPLはLINQとは直接関係がないうえになかなか難しいものなので第6.4節では説明しませんでした．しかしながら，TPLの利用が普及してくると，LINQと併用する機会も増えてくるでしょう．そこで，Visual Studio 2012で導入されたasync/awaitキーワードを使ったTPLの処理とLINQを併用する場合の注意点を，ここで解説しておきます．

async/awaitキーワードを使うと，非同期処理が次のリスト7.2のように書けます．

リスト7.2 async/awaitによる非同期処理の記述例

```
using System;
using System.Linq;
using static System.Console;

class Program
{
  static string NowTime => DateTimeOffset.Now.ToString("ss.fff");

  static async void TplSample()
  {
    const string URL = "http://gihyo.jp/book/2013/978-4-7741-5828-0";
    var hc = new System.Net.Http.HttpClient();

    // 非同期処理を開始する
```

```
      WriteLine($"{NowTime} 非同期処理を開始します");
      string html = await hc.GetStringAsync(URL);

      // 非同期処理が完了した後の処理
      WriteLine($"{NowTime} 非同期処理が完了しました");
      WriteLine(html.Split("¥r¥n".ToCharArray())
                    .Where(s => s.Contains("title"))
                    .FirstOrDefault());
    }

    static void Main(string[] args)
    {
      TplSample();
      WriteLine($"{NowTime} Mainメソッド末尾");

      //【出力例】
      // 06.333 非同期処理を開始します
      // 06.395 Mainメソッド末尾
      // 07.114 非同期処理が完了しました
      // <title> C#による マルチコアのための非同期 ……（省略）……
#if DEBUG
      ReadKey();
#endif
    }
}
```

　上のコードのコメントに入れた出力例で注目すべきは，Main メソッドの末尾まで実行された後で，非同期処理が完了した後の処理が走っているところです．Main メソッドの末尾（デバッグビルドでは ReadKey メソッドによるキー入力待ち）に到達した時点では，await キーワードを付けたメソッド呼び出し（GetStringAsync メソッド）はまだ実行中だったのです．上の例では，それから約 0.7 秒（= 7.114 − 6.395）ほど経過してから，非同期処理が完了しています．このように**同時に複数の処理を実行させることを非同期処理**と呼び，たとえば通信の応答待ちの間に別の処理を進められたり（＝トータル処理時間の短縮），長い時間がかかる処理の間でもエンドユーザーの操作に応答できたり（＝操作性の向上）といったメリットがあります．async / await キーワードを使う

ととても簡潔に非同期処理を記述できるのです[*16].

さて,この非常に便利な async / await キーワードによる非同期処理ですが,LINQ との相性はあまりよろしくありません.考え方としては,LINQ での処理の中の個々の処理は非同期にせず,PLINQ(→第6.4節)で並列処理にするのが,(考え方としては)シンプルでしょう.

ここでは,async / await キーワードによる非同期処理を,LINQ 拡張メソッドのラムダ式に書くことを実際に試してみましょう.

Where 拡張メソッドなど,ほとんどの LINQ 拡張メソッドの引数には,async / await キーワードによる非同期処理を書けません.たとえば次のリスト 7.3 は,コンパイルエラーになります.

リスト7.3 Where拡張メソッドにasync / awaitを渡すとコンパイルエラー

```
static async Task<string> NumToStringAsync(int n)
{
  await Task.Delay(100); // 一定時間待機（非同期処理）
  return n.ToString();
}

static void Main(string[] args)
{
  // ↓これはコンパイルエラー（ラムダ式の返す型がTask<bool>のため）
  var result
    = Enumerable.Range(1, 12)
             .Where(async n => (await NumToStringAsync(n)).
                                                    ➥Contains("1"));

  WriteLine(string.Join(", ", result1));

#if DEBUG
  ReadKey();
#endif
}
```

これはなぜかというと,Where 拡張メソッドが求めているのは bool 型を返すラムダ式なのに,上のラムダ式「async n => (await NumToStringAsync(n)).

[*16] このように非同期処理 / 並列処理が async / await キーワードで簡潔に書けるようになるまでには,.NET Framework の長い進化の道のりが必要でした.詳しくは,拙著『C# によるマルチコアのための非同期 / 並列処理プログラミング』(技術評論社刊)をご覧ください.

Contains("1")」が返す型は「Task<bool>」というジェネリッククラスだからです．型が合わず，暗黙の型変換もできないので，コンパイルエラーになるわけです．

　NumToStringAsync メソッドを変更できる場合には同期処理（非同期処理ではない通常の処理）に直し，async / await を使わないコードに書き直します．

　NumToStringAsync メソッドが変更できないために，どうしても NumToStringAsync メソッドをラムダ式中から呼び出したい場合には，ラッパーメソッドを作って同期処理に変えてしまいます[*17]（→ リスト 7.4）．

リスト7.4　非同期処理メソッドのラッパーメソッドを作ってコンパイルエラー回避

```
// NumToStringAsyncメソッドのラッパー（非同期処理を同期処理にする）
static string NumToString(int n)
{
  Task<string> t = NumToStringAsync(n);
  t.Wait(); // 非同期処理の完了を待つ
  return t.Result;
}

static void Main(string[] args)
{
  var result1
    = Enumerable.Range(1, 12)
                .Where(n => NumToString(n).Contains("1"));
  WriteLine(string.Join(", ", result1));
  //【出力】
  // 1, 10, 11, 12

#if DEBUG
  ReadKey();
#endif
}
```

　ラッパーメソッドを作って非同期処理を同期処理に変えてしまえば，ラムダ式の中に async / await キーワードは登場しなくなりますから，このように実行できるわけです．ここで高速化が必要なら，次のリスト 7.5 のように PLINQ

[*17] あるいは，Reactive Extensions（Rx）（→ 第 3 部 第 5 章）を使う方法もあります．ラッパーメソッドを作るような不細工なことはしなくてよいのですが，少々取っ付きにくいかもしれません．

を使って並列処理にすることを検討します．

> **リスト7.5** PLINQで高速化

```
var result2
  = Enumerable.Range(1, 12).AsParallel()
              .Where(n => NumToString(n).Contains("1"));
WriteLine(string.Join(", ", result2));
//【出力例】
// 1, 11, 10, 12
```

さて，Select 拡張メソッドでは，async / await キーワードが使えます（→リスト 7.6）．Select 拡張メソッドに渡すラムダ式の型は何でもよいからです．ただし，この場合，Select 拡張メソッドが返す型は IEnumerable<Task<T>> となります．

> **リスト7.6** Select拡張メソッドではasync / awaitキーワードが使える

```
static async void SelectSample()
{
  // Select拡張メソッドではasync/awaitが使える
  IEnumerable<Task<string>> taskCollection
    = Enumerable.Range(1, 12)
                .Select(async n => await NumToStringAsync(n));

  // ただし，Task<T>型のコレクションになってしまうので，
  // 次のようにTask.WhenAllを使って実体化する必要がある
  string[] stringCollection = await Task.WhenAll(taskCollection);

  IEnumerable<string> result3 =
                          ⇒stringCollection.Where(s => s.Contains("1"));
  WriteLine(string.Join(", ", result3));
  //【出力例】
  // 1, 10, 11, 12
}
```

Chapter 8 Visual Studio 2015 での新機能

　Visual Studio 2013 では，.NET Framework はバージョン 4.5.1 となり（途中で 4.5.2 を追加），C# はバージョン 5.0 のままでした．LINQ や本書に掲載しているサンプルコードに関連する機能追加はなかったので，説明は割愛します．
　Visual Studio 2015 では，.NET Framework はバージョン 4.6，C# はバージョン 6.0 になりました．LINQ の処理にも活用できる **Null 条件演算子**のほか，コーディングを楽にしてくれる機能が多数追加されました．LINQ の処理対象とするデータクラスの実装ではプロパティをたくさん書かなければなりませんが，**自動実装プロパティの初期化子**などでずいぶんとコーディングが楽になりました．

8.1 自動実装プロパティの初期化子

　自動実装プロパティの初期化子を使うと，**自動実装プロパティの宣言と同時に初期化できます**．

　C# 3 で導入された自動実装プロパティ（→ 第 5.8 節）は便利なようですが，逆にその場でプロパティの値を初期化できなくなりました．初期化はコンストラクターで行うことになるのですが，宣言と初期化の場所が離れてしまいます．
　C# 6 では，次のリスト 8.1 のように**自動実装プロパティもその場で初期化できる**ようになりました．LINQ の Select 拡張メソッドでデータを格納するクラスなどにはプロパティをたくさん書きますが，この機能を使えばコーディングが楽になります．

8.1 自動実装プロパティの初期化子 ／ 8.7 読み取り専用プロパティの自動実装

リスト8.1 自動実装プロパティの初期化子の例

```csharp
// 従来の書き方
private string _var1 = "abc";
public string Var1
{
  get
  {
    return _var1;
  }
  set
  {
    _var1 = value;
  }
}

// C# 3（自動実装プロパティ）
public string Var2 { get; set; }
// C# 3の自動実装プロパティは，コンストラクターで初期化する
public Program()
{
  Var2 = "abc";
}

// C# 6（自動実装プロパティの初期化子）
public string Var3 { get; set; } = "abc";
```

8.7 読み取り専用プロパティの自動実装

読み取り専用プロパティの自動実装機能を使うと，getterのみのプロパティも自動実装の構文で書けます．

C# 3の自動実装プロパティでは，getterのみのプロパティを書けませんでした．そのため，読み取り専用のプロパティとするにはsetterを**private**にしていました（→ 第5.8節）．

C# 6では，**getterのみの自動実装プロパティも書けるようになりました**（→ 次ページリスト8.2）．なお，前節の自動実装プロパティの初期化子も利用できます．

LINQのSelect拡張メソッドなどでデータを格納するオブジェクトをイ

ミュータブル（不変）にしたいことがあります．メソッドの返り値としてデータの入ったオブジェクトを返すけれども，そのデータは変更されたくないといった場合です．そのようなクラスを作るには，プロパティを getter のみにします．読み取り専用プロパティの自動実装機能を使うと，そのコーディングが楽になります．

リスト8.2　getterのみの自動実装プロパティの例

```csharp
// 従来の書き方
private readonly string _var1;
public string Var1
{
  get
  {
    return _var1;
  }
}

// C# 3（自動実装プロパティ）
public string Var2 { get; private set; }
// 注意：他の2つと違い，クラス内からであれば変更できてしまう

// C# 6（getterのみの自動実装プロパティ）
public string Var3 { get; }

// 読み取り専用プロパティは，コンストラクターで初期化する
public Program()
{
  _var1 = "abc";
  Var2 = "abc";
  Var3 = "abc";
}
```

ラムダ式によるメンバー定義

　C# 6 では，**ラムダ式によるメンバー定義**の機能を使うと，**メンバーの本体をラムダ式で記述できます．メソッドやプロパティの本体が1行だけなら，ラムダ式で記述できるようになったのです**（→ リスト 8.3）．記述できるのは，式形

式のラムダ式だけです.また,コンストラクターやイベント,匿名型などでは使えません.

LINQ を活用する際に作るデータクラスのプロパティの中には,そのクラスの他のプロパティから計算して値を返すものもあるでしょう.そのようなプロパティをラムダ式で簡潔に書けます.

リスト8.3 ラムダ式によるメンバー定義の例

```
// メソッド：従来の書き方
int SampleMethod1(int a, int b)
{
  return a + b;
}

// メソッド：ラムダ式による定義
int SampleMethod2(int a, int b) => a + b;

// voidのメソッドでも可能
private int _number;
void SampleMethod1(int n)
{
  _number = n * 2;
}
void SampleMethod2(int n) => _number = n * 2;

// 読み取り専用プロパティ：従来の書き方
int SampleProperty1
{
  get
  {
    return _number * 3;
  }
}

// 読み取り専用プロパティ：ラムダ式による定義
// ※「{ get; }」は書かない
int SampleProperty2 => _number * 3;
```

255

8.4 補間文字列（*String Interpolation*）

 補間文字列[*18]の機能を使うと，**文字列の中に変数や式を直接埋め込めます**（→リスト 8.4）．文字列の穴が開いているところを，変数や式で補完するイメージです．

 String クラスの Format メソッドに比べると，どこに何が入るのかがわかりやすく，コーディングもリーディング（ソースコードの読解）も楽になります．LINQ の活用とは直接関係しない機能ですが，本書のサンプルコードでも多用しています．

リスト8.4　補間文字列の例

```
int n = 1;

// 従来の書き方
WriteLine(string.Format("従来の書き方 {1}, {0}", n + 2, n + 1));
// 【出力】
// 従来の書き方 2, 3
// ※序数のアンマッチや過不足のミスをしやすい

// String interpolation
// 文字列の前に「$」記号を付け，「{}」内に変数や式を書く
WriteLine($"String interpolation {n + 1}, {n + 2}");
// 【出力】
// String interpolation 2, 3

// 書式指定は従来どおり
// 「{」を出力するには「{{」と書く（「}」も同様）
// 文字列の前の「@」（逐語的リテラル文字列）との併用も可能
WriteLine(
$@"{{n}}→{n:000}
{{n+1}}→{n+1:000}"
);
// 【出力】
// {n}→001
// {n+1}→002
```

[*18] 原語では「*Interpolated Strings*」で，直訳すれば「書き込みされる文字列」となります．「後から補完されて完全になる文字列」といった意味合いでしょう．なお，訳語に当てられている「補間」は数学や統計の用語です．「多項式補間」，「線形補間」などがあります．第1部第1章で使ったベジエ曲線（ベジエ補間）も，補間法の1つです．

```
// 式中の「:」が書式指定と解釈されるのを防ぐには，式を括弧で囲む
WriteLine($"{(n==1 ? 10 : 20):000}");
//【出力】
// 010
// ※この例では最初の「:」は三項演算子，2つ目は書式指定と解釈される
```

8.5 nameof演算子

nameof 演算子は，変数名やメソッド名など，識別子の名前を取得します（➡リスト 8.5）．従来は文字列リテラルとして識別名の名前を記述していた箇所を nameof 演算子で置き換えられます．nameof 演算子を使うと，識別子の名前を変更したときの修正漏れがなくなります（修正漏れがあるとコンパイルエラーになります）．LINQ の活用に結び付く機能ではありませんが，識別子の名前が必要なところではこの演算子を使ってください．ただし，その場所からアクセスできない識別子や int などの組み込み型などには使えないなどの制約があります．

リスト8.5 nameof演算子の例

```
class SampleClass
{
  public int SampleProperty1 => 1;
  private int SampleProperty2 => 2;

  public void SampleMethod(string inputString)
  {
    // 例外メッセージで使う例
    if (string.IsNullOrWhiteSpace(inputString))
      throw new ArgumentNullException(nameof(inputString));
  }
}

class Program
{
  static void Main(string[] args)
  {
    var c = new SampleClass();
```

```csharp
// 従来の書き方（文字列リテラル）
WriteLine($"SampleClass型の変数c");
//【出力】
// SampleClass型の変数c

// nameof演算子を使用
WriteLine($"{nameof(SampleClass)}型の変数{nameof(c)}");
//【出力】
// SampleClass型の変数c
// ※名前を変更したとき，修正漏れがあればコンパイルエラーで発見できる

// プロパティ名/メソッド名/名前空間名など取得可能
WriteLine($"プロパティ {nameof(c.SampleProperty1)}");
//【出力】
// プロパティ SampleProperty1
WriteLine($"メソッド{nameof(c.SampleMethod)}");
//【出力】
// メソッドSampleMethod
// アクセスできないものはコンパイルエラーになる↓
// WriteLine($"プロパティ {nameof(c.SampleProperty2)}");
WriteLine($"名前空間{nameof(System.Linq)}");
//【出力】
// 名前空間Linq
// ※名前の最後の部分しか取れないので注意

// 組み込み型は取得できない
// WriteLine($"{nameof(int)}"); // コンパイルエラー
WriteLine($"{nameof(System.Int32)}"); // これはOK
//【出力】
// Int32

// 例外メッセージで使う例（SampleMethodメソッド内でnameofを使用）
try
{
  c.SampleMethod(null);
}
catch (ArgumentNullException ex)
{
  WriteLine($"{ex.Message}");
```

```
        // 【出力】
        // 値を Null にすることはできません。
        // パラメーター名:inputString
    }

#if DEBUG
    ReadKey();
#endif
  }
}
```

8.6 Null条件演算子

Null条件演算子(「**?.**」または「**?[**」)は,「**演算子を付けたオブジェクト(メソッドの返り値も含む)が null だったら,式の残りの部分を実行せずに null を返す**」というものです.Null条件演算子の右にプロパティ名やメソッド名が来るときは「**?.**」を使い,インデクサーのときは「**?[**」を使います.そのように説明するとなんだか難しそうですが,とても簡単で便利な機能です.

オブジェクトが null である可能性があるとき,従来は null かどうかを判定してからそのオブジェクトを使う処理を書いていました.Null条件演算子を使うと,それが1行で書けるのです(→リスト 8.6).この First 拡張メソッドを使った例のように,LINQ の処理でも活躍します.

リスト8.6 Null条件演算子の例

```
static IList<string> SampleMethod(int index)
{
  if (index < 1)
    return null;
  return new List<string> { "abc", "ABC" };
}

static void Main(string[] args)
{
  // リストの最初の文字列を取得する
  // 従来の書き方
  string result1 = null;
```

```
    IList<string> s1 = SampleMethod(0);
    if (s1 != null)
      result1 = s1.First();

    // Null条件演算子を使えば1行で書ける
    string result2 = SampleMethod(0)?.First();
    string result3 = SampleMethod(1)?.First();
    WriteLine($"result2は{result2 ?? "null"}");
    //【出力】
    // result2はnull
    WriteLine($"result3は{result3 ?? "null"}");
    //【出力】
    // result3はabc

    // Null条件演算子はインデクサーの前にも書ける
    string result4 = SampleMethod(0)?[0];
    WriteLine($"result4は{result4 ?? "null"}");
    //【出力】
    // result4はnull

#if DEBUG
    ReadKey();
#endif
  }
```

8.7 using staticディレクティブ

using static ディレクティブの機能を使うと，**静的メソッドを呼び出すときに型名を省略できます**．

ソースコードの冒頭に置くusingディレクティブでは，名前空間を指定し，コード本体では名前空間の記述を省略できました．using staticディレクティブでは，**クラスや構造体を指定することで，コード本体で静的メソッドを呼び出すときにクラス名や構造体名の記述を省略できます**．

たとえば，冒頭に「`using static System.Console;`」と記述すると，コード本体では「`Console.`」の記述を省略して，いきなりConsoleクラスの静的メソッドを記述できます（→ リスト 8.7）．ただし，usingディレクティブと同様で，省略したら名前が衝突してしまう場合には省略できません．LINQの活用とは

直接関係しない機能ですが，本書のサンプルコードでも多用しています．

リスト8.7 using staticディレクティブの例

```
using System;
using static System.Console;

class Program
{
  static void Main(string[] args)
  {
    WriteLine("Hello, using static!");
    // これは次と同じ
    Console.WriteLine("Hello, using static!");

#if DEBUG
    ReadKey();
#endif
  }
}
```

Part 3
LINQを活用しよう

第3部では，LINQのライブラリを紹介します。IEnumerable<T> / IQueryable<T> インターフェイスを実装した，あるいは拡張したライブラリです。LINQを使った処理で利用できるものです。

LINQのライブラリは数多くあって，とうていすべては紹介し切れません。ここでは読者に役立つよく使われるものだけ，簡単に紹介していきます。

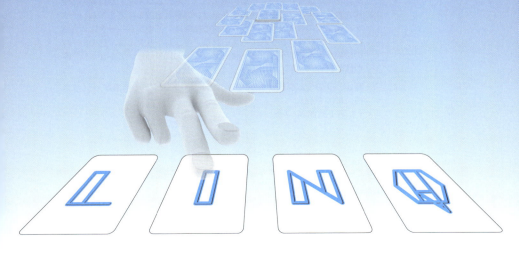

Chapter 1 LINQ to Objects

標準の LINQ 拡張メソッド，あるいはそれを使うことを「**LINQ to Objects**」とも呼びます．ですから，第1部の内容は，その大部分が LINQ to Object の解説だったわけです．

LINQ to Objects を使うには，ソースコードの冒頭に「`using System.Linq;`」を記述します．そして Enumerable クラスに用意されている拡張メソッドを活用するとさまざまな LINQ の処理が記述できることは，第1部に書いたとおりです．

Enumerable クラスに用意されている拡張メソッド，すなわち LINQ to Objects で使える API の主なものを次の表1.1 にまとめておきます[*1]．

表1.1 LINQ to Objectsの主な拡張メソッド

メソッド名	概要
Aggregate	汎用的な集計を行う． 集計結果を保持しておくための記憶域（アキュムレータ）が自動的に生成される．ループごとに，コレクションの要素とともにアキュムレータがラムダ式に与えられる．ラムダ式の結果は，アキュムレータに代入される（つまり，ラムダ式に与えられるアキュムレータには，前のループの結果が入っている）．Aggregate メソッドの返り値は，アキュムレータの値が返る．
All	全ループでラムダ式が true を返すと，All メソッドの結果が true になる（AND 条件）． （⮕ 第 1 部 第 3.4.2 項）

[*1] 詳細は，MSDN ドキュメント（下記 URL）をご覧ください．
https://msdn.microsoft.com/library/bb397919.aspx
また，『【省エネ対応】C# プログラムの効率的な書き方――LINQ to Objects マニアックス』（技術評論社刊 ISBN 978-4-7741-4975-2）（下記 URL）でも詳しく解説しています．
http://gihyo.jp/book/2012/978-4-7741-4975-2

Chapter 11 LINQ to Objects

Any	いずれかのループでラムダ式が true を返すと，Any メソッドの結果が true になる（OR 条件）． ラムダ式を与えなかった場合は，コレクションに要素が 1 つでも入っていれば true になる． (→ 第 1 部 第 3.4.3 項)
Average	平均値を求める． (→ 第 1 部 第 2.2 節，第 2.5 節，第 7.1 節)
Cast	コレクションの個々の要素を指定した型にキャストし，新しいコレクションを作る． (→ 第 2 部 第 6.3 節)
Concat	2 つのコレクションを連結する．
Contains	引数に渡したオブジェクトと等しい要素がコレクションに含まれていると，true になる．
Count	ラムダ式が true を返した数を返す． ラムダ式を与えなかった場合は，コレクションに含まれている要素の数を返す． (→ 第 1 部 第 1.2 節，第 3.2 節)
DefaultIfEmpty	コレクションが空のとき，既定値を 1 個だけ含むコレクションに置き換える．
Distinct	コレクションから重複しない要素だけを返す（重複する要素は 1 個だけ出力される）．
ElementAt	インデックス（0 始まりの序数）で指定した要素を返す．
ElementAtOrDefault	ElementAt メソッドと同様だが，該当する要素がないときには既定値を返す．
Empty	空のコレクションを作る．
Except	差集合を生成する． 引数に与えたコレクションに含まれる要素を，元のコレクションから取り除く．
First	コレクションの中で条件を満たす最初の要素を返す． ラムダ式を与えなかった場合は，コレクションの最初の要素を返す． (→ 第 2 部 第 6.3 節，第 8.6 節)
FirstOrDefault	First メソッドと同様だが，該当する要素がないときには既定値を返す． (→ 第 2 部 第 7.2 節)
GroupBy	指定した条件でグルーピングする． 結果は，グループ分けされたコレクション（IGrouping<TKey, TSource> 型）を要素として持つコレクションという，二重のコレクションになる．
GroupJoin	2 つのコレクションの要素を関連付け，両方の要素から生成した新しいオブジェクトを要素として持つ新しいコレクションを作る． このメソッドを応用すると，リレーショナルデータベースでいうところの内部結合や左外部結合を実現できる．

`Intersect`	積集合（共通集合）を生成する． 元のコレクションと引数に与えたコレクションの両方に共通する要素を取り出す．
`Join`	リレーショナルデータベースでいうところの内部結合を生成する．
`Last`	コレクションの中で条件を満たす最後の要素を返す． ラムダ式を与えなかった場合は，コレクションの最後の要素を返す．
`LastOrDefault`	Last メソッドと同様だが，該当する要素がないときには既定値を返す．
`LongCount`	Count メソッドと同様だが，64 ビット整数（符号付き）で返す．
`Max`	コレクションの中で条件を満たす最大の要素を返す． ラムダ式を与えなかった場合は，コレクションの中で最大の要素を返す． コレクションは null を含んでいてもよい． (→ 第 1 部 第 2.3.1 項，第 2.6 節)
`Min`	Max と同様だが，最小の要素を返す． (→ 第 1 部 第 2.3.1 項，第 2.6 節)
`OfType`	指定した型にキャストできたものだけのコレクションを作る（Cast メソッドとは異なり，キャストできなくても例外は出ない）． (→ 第 1 部 第 4.3 節)
`OrderBy`	コレクションの要素を昇順に並べ替える．
`OrderByDescending`	コレクションの要素を降順に並べ替える．
`Range`	指定した範囲の整数のコレクションを作る．整数は 1 ずつ増える昇順になる． (→ 第 1 部 第 2 章など)
`Repeat`	引数に与えた要素を，指定した個数だけ含むコレクションを作る．
`Reverse`	コレクションの並び順を反転させる．
`Select`	コレクションの各要素からラムダ式によって新しいオブジェクトを生成し，その新しい要素のコレクションを作る． (→ 第 1 部 第 3.1 節，第 5.6 節，第 7.2 節，第 8.2 節，第 9 章，第 2 部 第 5.3 節，第 5.6 節，第 5.7 節，第 7.2 節など)
`SelectMany`	Select メソッドでは結果が 2 次元のコレクションになるとき，SelectMany メソッドでは結果を 1 次元のコレクションに平坦化する．
`SequenceEqual`	2 つのコレクションが等しいかどうか判定する．
`Single`	コレクションの中で条件を満たす唯一の要素を返す． ラムダ式を与えなかった場合は，コレクションの唯一の要素を返す（要素が 0 個または 2 個以上のときは例外がスローされる）．
`SingleOrDefault`	Single メソッドと同様だが，該当する要素がないときには既定値を返す（要素が 2 個以上のときは例外がスローされる）．
`Skip`	コレクションの先頭から指定した個数だけ飛ばし，残りの要素を返す．
`SkipWhile`	コレクションの先頭から，条件を満たす要素を飛ばす．条件を満たさなくなった要素から末尾までを返す．

Sum	コレクションの中で条件を満たす要素の合計を返す． ラムダ式を与えなかった場合は，コレクションの全要素の合計を返す． コレクションは null を含んでいてもよい． (→ 第 1 部 第 2.2 節，第 2.4 節など）
Take	コレクションの先頭から指定した個数だけを返す． (→ 第 1 部 第 12.4 節）
TakeWhile	コレクションの先頭から，条件を満たす要素を返す．条件を満たさなくなった要素から末尾までは返さない．
ThenBy	コレクションの要素を昇順に並べ替える．OrderBy メソッド / OrderByDescending メソッドの後で，並び替えの副条件を与える場合に使う．
ThenByDescending	コレクションの要素を降順に並べ替える．OrderBy メソッド / OrderByDescending メソッドの後で，並び替えの副条件を与える場合に使う．
ToArray	コレクションから配列を生成する． その場で「実体化」されるので，「ToList メソッドの罠」(→ 第 1 部 第 7 章）に注意． (→ 第 1 部 第 2.5 節，第 3.5 節，第 7.1 節）
ToDictionary	コレクションから Dictionary<TKey, TValue> 型のコレクションを生成する． その場で「実体化」されるので，「ToList メソッドの罠」(→ 第 1 部 第 7 章）に注意．
ToList	コレクションから List<T> 型のコレクションを生成する． その場で「実体化」されるので，「ToList メソッドの罠」(→ 第 1 部 第 7 章）に注意． (→ 第 1 部 第 4.1 節など）
ToLookup	コレクションから Lookup<Tkey, TElement> 型のコレクションを生成する． その場で「実体化」されるので，「ToList メソッドの罠」(→ 第 1 部 第 7 章）に注意．
Union	和集合を生成する． 2 つのコレクションからすべての要素を取り出す．ただし，Concat メソッドとは異なり，重複は排除される． (→ 第 1 部 第 3.4.3 項）
Where	条件を満たす要素だけを取り出す． (→ 第 1 部 第 2.3.2 項など多数）
Zip	2 つのコレクションの要素をその順序どうしでマージする（要素数が異なる場合は，少ないほうが終わった時点で終了）．

Chapter 7 LINQ to ADO.NET

　.NET Frameworkには，**データベースにアクセスする仕組みとしてADO.NET**が以前からあります．その**ADO.NETの上に構築されたLINQのライブラリ**が，次の3種類です．

- **LINQ to DataSet**：ADO.NETのDataSetを拡張して，LINQで使いやすくしたもの
- **LINQ to SQL**：SQL ServerにアクセスするLINQプロバイダー
- **LINQ to Entities**：EDM（エンティティデータモデル）を介してリレーショナルデータベースにアクセスするLINQプロバイダー

これら3つを合わせて「**LINQ to ADO.NET**」と呼ばれます．

7.1 LINQ to DataSet

　LINQ to DataSetは，**DataSetを拡張してLINQ to Objectsから使いやすくしたもの**です．主に`DataRowExtensions`クラスと`DataTableExtensions`クラス（ともに`System.Data`名前空間）の拡張メソッドとして提供されています[*2]．

　例として，`DataTable`オブジェクトから特定のデータを取り出す処理を考えてみましょう．次のリスト2.1のように`DataTable`オブジェクトを用意します．

リスト2.1 DataTableオブジェクトを用意する

```
using System;
```

[*2] LINQ to DataSet の詳細は MSDN（下記 URL）をご覧ください．
https://msdn.microsoft.com/ja-jp/library/bb386977.aspx

2.1 LINQ to DataSet

```
using System.Data;
using System.Linq;
using static System.Console;

class Program
{
  static void Main(string[] args)
  {
    // DataTableを用意する
    var idColumn = new DataColumn("ID", typeof(UInt32));
    var nameColumn = new DataColumn("NAME", typeof(string));
    var dt = new DataTable();
    dt.Columns.Add(idColumn);
    dt.Columns.Add(nameColumn);
    dt.Rows.Add(1, "高橋");
    dt.Rows.Add(2, "山本");

    // ID=2のデータを取り出す
    //（未実装）

#if DEBUG
    ReadKey();
#endif
  }
}
```

この DataTable オブジェクトから，ID=2 のデータを取り出して，その ID と NAME を出力したいのです．

まず，LINQ to DataSet を使わない従来の書き方では，次のリスト 2.2 のようになるでしょう（上のコードで「（未実装）」とコメントしてある部分に記述）．

リスト2.2　従来の方法でデータを取り出す

```
DataRow[] result = dt.Select("ID=2");
WriteLine($"得られた結果の数：{result.Length}");
object id = result[0]["ID"];
object name = result[0]["NAME"];
WriteLine($"ID={id}, NAME={name}");
//【出力】
```

269

```
// 得られた結果の数：1
// ID = 2, NAME = 山本
```

　LINQ以前のADO.NETでは，上のように書いていました．この例では`DataTable`クラスの`Select`メソッドが利用できましたが，ちょっと複雑な条件になると`foreach`ループを書くはめになります．また，得られた結果（変数「id」と「name」）は`object`型であり，元の型にキャストする必要もあります[*3]．

　これが，LINQ to DataSetを使うと次のリスト2.3のようになります．`DataTableExtensions`クラスの**`AsEnumerable`拡張メソッド**を使うと，`DataTable`オブジェクトが`IEnumerable<DataRow>`型のコレクションに変換されます[*4]．`IEnumerable<T>`インターフェイスになれば，あとはLINQ to Objectsを自在に活用できるわけです．また，`DataRowExtensions`クラスの**`Field<T>`拡張メソッド**を使うと，`DataRow`オブジェクトから型を指定してデータを取り出せます．

リスト2.3　LINQ to DataSetでデータを取り出す

```
var result
  = dt.AsEnumerable()
      .Where(row => row.Field<UInt32>(idColumn) == 2)
      .Select(row => new
      {
        id = row.Field<UInt32>(idColumn),
        name = row.Field<string>(nameColumn)
      });
WriteLine($"得られた結果の数：{result.Count()}");
uint id = result.First().id;
string name = result.First().name;
WriteLine($"ID={id}, NAME={name}");
//【出力】
// 得られた結果の数：1
// ID = 2, NAME = 山本
```

　このような簡単な例では従来の書き方よりもコード量は増えてしまいましたが，LINQを自在に駆使できるというメリットは大きいでしょう．

[*3] 型の問題は，従来の型付き`DataSet`クラス（型指定されたデータセット）を作成することでも解決可能です．
[*4] 正確には，`EnumerableRowCollection<DataRow>`型です．これは`IEnumerable<T>`インターフェイスを実装しています．

2.7 LINQ to SQL

LINQ to SQL は，SQL Server にアクセスするための LINQ プロバイダーです．後に登場した汎用的な LINQ to Entities（→第 2.3 節）に取って代わられた雰囲気はありますが，LINQ 登場時には華々しく喧伝されたため「LINQ といえば『LINQ to SQL』」というイメージをもたらしたように思います．

LINQ to SQL を使うと，SQL 文を書かずに次のリスト 2.4 のようにして SQL Server にアクセスできます[*5]．

リスト2.4　LINQ to SQLのコード例

```
Northwnd sqlDB = new Northwnd(@"northwnd.mdf");

// メソッド構文
IQueryable<Customer> companyNameQuery1
  = sqlDB.Customers
      .Where(cust => cust.City == "New York")
      .Select(cust => cust.CompanyName);
foreach (var companyName in companyNameQuery1)
    Console.WriteLine(companyName);

// クエリ式
var companyNameQuery2
  = from cust in sqlDB.Customers
    where cust.City == "New York"
    select cust.CompanyName;
foreach (var companyName in companyNameQuery2)
    Console.WriteLine(companyName);
```

しかし，このコードを書いただけでは動きません．LINQ の処理の部分は，もうおわかりになるでしょう．でも，先頭に登場する「`Northwnd`」クラスとは何でしょうか？ それは，データベースの定義を表しています．`DataContext` クラス（`System.Data.Linq` 名前空間）を継承して作成した，次のリスト 2.5 のようなクラスなのです[*6]．

[*5] このコードのメソッド構文の例は，第1部 第 8.2 節 リスト 8.4 に掲載したものと同じです．MSDN ドキュメント「LINQ to SQL : Getting Started」(https://msdn.microsoft.com/ja-jp/library/bb399398.aspx) 所載のコードを，「Microsoft Limited Public License」（→p.347）に基づき，クエリ構文から拡張メソッド構文に変更したものです．

[*6] MSDN ドキュメント「Walkthrough: Querying Across Relationships (C#)」（下記 URL）より引用しました．これは，Microsoft Limited Public License（→p.347）で公開されています．
https://msdn.microsoft.com/library/bb386951.aspx#Anchor_4

> **リスト2.5 Northwndクラス**
>
> ```
> public class Northwnd : DataContext
> {
>   // Table<T> abstracts database details per table/data type.
>   public Table<Customer> Customers;
>   public Table<Order> Orders;
>
>   public Northwnd(string connection) : base(connection) { }
> }
> ```

　ここでさらに他のクラス「Customer」と「Order」が出てきました．それらも，データベースに合わせて定義しなければなりません．LINQ to SQLのコードを書く前に，定義しなければならないクラスがたくさんあるのです（**オブジェクトモデル**といいます）．

　そんなにも多くのクラス定義を書かなければならないとしたら，ADO.NETでSQL文を書いたほうがよほど早いということになってしまいます．しかし，それらのオブジェクトモデルを生成する仕組みが，Visual Studioに組み込まれています．「オブジェクトリレーショナルデザイナー（O/Rデザイナー）」といいます．これを使うことで，SQL Serverの実際のテーブル定義から，必要なクラスを簡単に生成できるのです[7]．

　LINQ to SQLは，オブジェクトモデルに基づいて，LINQ拡張メソッドで記述された内容をSQL文に変換します．そして，生成したSQL文をSQL Serverに投げ，返ってきた結果をオブジェクトモデルのクラス定義に収めてコードに返してくれるのです．

　さて，LINQ to SQLの仕組みがわかってみると，結局はSQL文をSQL Serverに投げるわけですから，デバッグやパフォーマンスチューニングのためには，自動生成されたSQL文を確認する必要が出てくるでしょう．

　LINQ to SQLが生成したSQL文を確認するには，`DataContext`クラスの`Log`プロパティを使います[8]．これで，生成されたSQL文をコンソールやファイルに出力できます．また，サードパーティのツール「LINQPad[9]」を使えば，その場でLINQのコードを実行し，生成されたSQL文を見られます．

---

[7] O/Rデザイナーの詳細については，MSDNドキュメント「オブジェクトリレーショナルデザイナー（O/Rデザイナー）」（下記URL）をご覧ください．
https://msdn.microsoft.com/library/bb384429.aspx

[8] Logプロパティの使い方は，MSDNドキュメント「How to: Display Generated SQL」（下記URL）をご覧ください．
https://msdn.microsoft.com/library/bb386961.aspx

[9] LINQPad（©Joseph Albahari）については，下記URLをご覧ください．
http://www.linqpad.net/

2.3 LINQ to Entities

LINQ to Entities は，データベースにアクセスするための **LINQ** プロバイダーです．LINQ to SQL の後継といえますが，はるかに汎用性と柔軟性に富んだ **Entity Framework** の一部として提供されています[*10]．

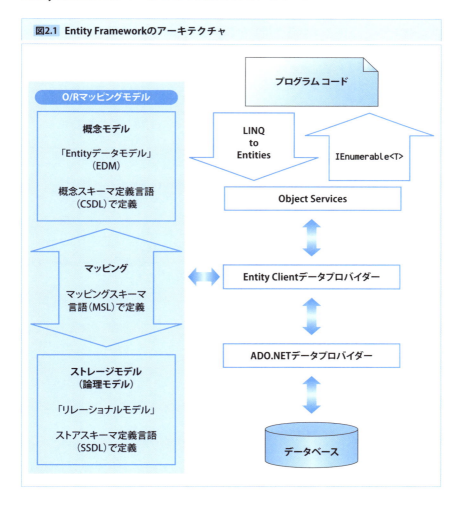

図2.1 Entity Frameworkのアーキテクチャ

[*10] Entity Framework のプログラミングには，LINQ to Entities のほかに，SQL に似た「Entity SQL 言語」（下記 URL）も提供されています．
https://msdn.microsoft.com/library/bb399560.aspx

Entity Framework は 2 階層のモデルを採用しています（前ページ図 2.1 の左側）．これにより，プログラムから見たモデルの柔軟性が得られています．Entity Framework は，この 2 階層のモデルとマッピングを自動生成できます．それは，データベースのテーブルからモデルを生成するだけではありません．逆に，概念モデルから，論理モデルと実際のデータベースのテーブルを生成することも可能です（「Code First」と呼ばれます）[*11]．

このようにモデルの柔軟性が増した Entity Framework ですが，その動作は LINQ to SQL と同様です．すなわち，LINQ to Entities でも，モデルに基づいて LINQ 拡張メソッドで記述された内容を SQL 文に変換し，それを SQL Server に投げ，返ってきた結果を概念モデルのクラス定義に収めてコードに返してくれます．

コードの例を以下に，MSDN ドキュメント[*12]から引用しておきます．

リスト2.6 LINQ to Entitiesのコード例（メソッド構文）

```
using (AdventureWorksEntities context = new AdventureWorksEntities())
{
  var onlineOrders = context.SalesOrderHeaders
      .Where(order => order.OnlineOrderFlag == true)
      .Select(s => new { s.SalesOrderID, s.OrderDate,
                                            s.SalesOrderNumber });

  foreach (var onlineOrder in onlineOrders)
  {
    Console.WriteLine("Order ID: {0} Order date: {1:d} Order number: {2}",
      onlineOrder.SalesOrderID,
      onlineOrder.OrderDate,
      onlineOrder.SalesOrderNumber);
  }
}
```

[*11] Entity Framework について，詳しくは MSDN ドキュメント「エンティティフレームワークの概要」（下記 URL）を参照してください．
https://msdn.microsoft.com/library/bb399567.aspx
[*12] MSDN ドキュメント「メソッドベースのクエリ構文例：フィルター処理」（下記 URL）と「クエリ式の構文例：フィルター処理」（下記 URL）より引用しました．これらは，Microsoft Limited Public License（⮕ p.347）で公開されています．
https://msdn.microsoft.com/library/bb896342.aspx
https://msdn.microsoft.com/library/bb738636.aspx

2.5 LINQ to Entities

リスト2.7 LINQ to Entitiesのコード例（クエリ式）

```
using (AdventureWorksEntities context = new AdventureWorksEntities())
{
  var onlineOrders =
      from order in context.SalesOrderHeaders
      where order.OnlineOrderFlag == true
      select new
      {
        SalesOrderID = order.SalesOrderID,
        OrderDate = order.OrderDate,
        SalesOrderNumber = order.SalesOrderNumber
      };

  foreach (var onlineOrder in onlineOrders)
  {
    Console.WriteLine("Order ID: {0} Order date: {1:d} Order number: {2}",
      onlineOrder.SalesOrderID,
      onlineOrder.OrderDate,
      onlineOrder.SalesOrderNumber);
  }
}
```

　なお，LINQ to Entitiesが生成したSQL文を確認するには，**Database**クラスの**Log**プロパティを使います[*13]．また，サードパーティのツール「LINQPad[*14]」は，その場でLINQのコードを実行し，生成されたSQL文を見られます．

[*13] Logプロパティは Entity Framework 6 からの機能です．その使い方については，MSDN ドキュメント「Logging and Intercepting Database Operations」（下記 URL）をご覧ください．
https://msdn.microsoft.com/ja-jp/data/dn469464.aspx （英文）

[*14] LINQPad（©Joseph Albahari）については，下記 URL をご覧ください．
http://www.linqpad.net/

Chapter 3 LINQ to XML (XLinq)

LINQ to XML は，**XML を操作するためのプログラミングインターフェイス**で，LINQ に対応しています．`System.Xml.Linq` 名前空間に含まれるクラスが LINQ to XML を構成しています．その中の `Extensions` クラスに，LINQ to XML に特有の拡張メソッドが入っています．

LINQ to XML は，XML を表すオブジェクトに対して LINQ の処理が書けるだけでなく，ファイルやストリームから XML を読み込んだり，逆にシリアライズしたり，あるいは，XML のデータを変更したりできます[15]．

たとえば，XML を表すオブジェクト（`System.Xml.Linq` 名前空間の `XDocument` クラス）から特定のデータを取り出すコードは次のリスト 3.1 のようになります[16]．

リスト3.1　LINQ to XMLのコード例

```
using System.Collections.Generic;
using System.Linq;
using System.Xml.Linq; // LINQ to XML
using static System.Console;

class Program
{
  static void Main(string[] args)
```

[15] LINQ to XML の詳細は，MSDN ドキュメント「LINQ to XML」（下記 URL）をご覧ください．
https://msdn.microsoft.com/library/bb387098.aspx
[16] ここでは，XDocument オブジェクトを固定的にコードで生成しています．動的に生成するには，Person を表す XElement オブジェクトを作り，ルートノード（Persons を表す XElement オブジェクト）に Add メソッドを使って追加していきます．また，XML ファイルやストリームから読み込んで XDocument オブジェクトを構築するには，XDocument クラスの Load 静的メソッドを使います．

```csharp
{
    // XMLドキュメントオブジェクトのサンプル
    XDocument xdoc
      = new XDocument(
          new XDeclaration("1.0", "utf-8", "yes"),
          new XElement("Persons",
            new XElement("Person",
              new XElement("Id", "1"),
              new XElement("Name", "高橋")
            ),
            new XElement("Person",
              new XElement("Id", "2"),
              new XElement("Name", "山本")
            )
          )
        );
    WriteLine(xdoc.Declaration);
    WriteLine(xdoc);
    //【出力（作成したXDocumentオブジェクトの内容）】
    // <?xml version="1.0" encoding="utf-8" standalone="yes"?>
    // <Persons>
    //   <Person>
    //     <Id>1</Id>
    //     <Name>高橋</Name>
    //   </Person>
    //   <Person>
    //     <Id>2</Id>
    //     <Name>山本</Name>
    //   </Person>
    // </Persons>

    // LINQ to XMLの拡張メソッドを使って，Personのコレクションを取り出す
    IEnumerable<XElement> persons = xdoc.Descendants("Person");

    // LINQを使って，Id="2"のデータを取り出す
    var result
      = persons.Where(xe => xe.Element("Id").Value == "2")
               .Select(xe =>
                 new {
                   id = xe.Element("Id").Value,
```

```
                    name = xe.Element("Name").Value,
                }
            )
            .FirstOrDefault();
    WriteLine($"{result.id}, {result.name}");
    //【出力】
    // 2, 山本

#if DEBUG
    ReadKey();
#endif
    }
}
```

なお,理屈のうえでは,LINQ to XML を使って Web の XHTML 文書を解析できるはずです.しかし,残念なことに世の中の XHTML 文書は,不正な(＝XML として文法的に正しくない)ものが多いのです.LINQ to XML は,不正な XML を与えると例外になってしまうので,XHTML 文書を解析するには実用的ではありません[17].

[17] HTML / XHTML の解析には,Html Agility Pack(⇒第 7 章)などを利用します.

Chapter 4 Parallel LINQ (PLINQ)

Parallel LINQ（PLINQ）は，**LINQ to Object のマルチスレッド版**です（→ 第 2 部 第 6.4 節）．LINQ の処理を，CPU の論理コア数に応じた適切な数のスレッドに自動的に割り振って実行してくれます[*18]．

PLINQ の拡張メソッドは，`ParallelEnumerable` クラス（`System.Linq` 名前空間）に収められています．LINQ to Object と同じ拡張メソッドだけでなく，次の表 4.1 に示す PLINQ 特有の拡張メソッドがあります．

表4.1 PLINQに特有な拡張メソッド

メソッド名	概要
`AsParallel`	PLINQ の開始点となる． これ以降の LINQ 処理は，（可能ならば）並列に実行される．
`AsSequential<T>`	PLINQ の終了点となる． これ以降の LINQ 処理は通常の LINQ to Object となり，順次実行される．
`AsOrdered`	実行順序を維持する． PLINQ の並列実行が指定されているとき（= `AsParallel` メソッド以降），元のコレクションの順序を保って実行する．その分，パフォーマンスは低下するので注意．
`AsUnordered<T>`	`AsOrdered` メソッドでの順序維持指定を解除する．
`ForAll<T>`	foreach ループを並列実行する． PLINQ の処理の最終段で foreach ループを使った場合，そこは順次実行になる．foreach ループの内容を `ForAll` メソッドに渡せば，そこも（可能ならば）並列実行される．
`WithCancellation<T>`	これ以降の PLINQ の処理をキャンセル可能にする．

[*18] PLINQ の詳細は，MSDN ドキュメント「Parallel LINQ (PLINQ)」（下記 URL）をご覧ください．
https://msdn.microsoft.com/library/dd460688.aspx

`WithDegreeOfParallelism<T>`	同時実行数の制限をする． これ以降の PLINQ の処理を同時に実行する数を，CPU の論理コア数未満に制限するときに使う．
`WithMergeOptions<T>`	結果のバッファリング手法の指定をする． これ以降の PLINQ の処理で，複数スレッドでの結果をマージするためにバッファリングする方法を指定する．既定のバッファリングよりも高速化される場合がある．
`WithExecutionMode<T>`	強制的に並列化する． PLINQ のランタイムは，有効と判断したときだけ並列化する（`AsParallel` メソッドを書いたからといって必ず並列実行されるわけではない）．このメソッドによって強制的に並列実行させることができる．

　PLINQ のサンプルコードとその実行例は，第 2 部第 6.4 節をご覧ください．また，PLINQ を適用すべきかどうかは，必ず実測してから決定してください（PLINQ に限らず，並列処理全般にいえることです）．

Chapter 5 Reactive Extensions(Rx)

　Reactive Extensions(Rx)は，**LINQ に似た，しかし LINQ とは異なるライブラリ**です[*19]．System.Reactive 名前空間にありますが，しかし，まだ .NET Framework には含まれていません[*20]．考え方も位置付けも LINQ とは異なるものですが，Rx は LINQ と混在させて使えます．

　Rx は，LINQ とは逆の発想で作られています．LINQ は，メソッドチェーン末尾の foreach ループでデータを「引っ張る」ことによって繰り返し処理を実行します．対して Rx は，**メソッドチェーンの先頭からデータを次々と「押し込む」ことで繰り返し処理を実行**します．どちらも，繰り返し処理をメソッドチェーンの形で書けるところは似ています．しかし，先頭の都合でデータを送り込む Rx では，時間を置いて発生するオブジェクトも扱うことができるのです（たとえばタイマー割り込みや，ユーザーインターフェイスから発生するイベントなど）．

　Rx を使うには，別途インストールする必要があります．マイクロソフトのサイトからダウンロードしてきて開発環境にインストールするか[*21]，Visual Studio のプロジェクトごとに NuGet からインストールします[*22]．

　いくつか Rx のコード例を紹介しましょう．まずは，LINQ to Objects のよう

[*19] Rx の詳細は，マイクロソフトのサイト「Reactive Extensions」（下記 URL）をご覧ください．ただし残念なことに英語しかありません（本書執筆時）．
https://msdn.microsoft.com/ja-jp/data/gg577609
なお，Rx は下記 URL にあるとおり，Java，JavaScript，Scala，Ruby など多くの言語に移植されています．
http://reactivex.io/languages.html
[*20] Rx の主要なインターフェイスである IObservable<T> と IObserver<T> の定義は，すでに .NET Framework 4 から含まれています．
[*21] Rx の最新版 v2.0 は，次の URL からダウンロードできます．
http://www.microsoft.com/download/details.aspx?id=30708
Visual Studio のプロジェクトの参照には，「System.Reactive.*」を追加します．
[*22] NuGet パッケージマネージャーで "reactive extensions" を検索します．見つかった中から「Rx-Main」をインストールすれば，Rx の基本機能が利用可能になります（本書執筆時）．

な使い方（→リスト 5.1）からです（第 1 部 第 2.3.2 項と比較してみてください）。

リスト5.1 Rxのコード例（LINQ to Objectsのような使い方）

```
using System;
using System.Linq;
using System.Reactive.Linq; // Rxを使う
using static System.Console;

class Program
{
  static void Main(string[] args)
  {
    IObservable<int> result
      = Observable.Range(1, 10).Where(n => n % 2 == 0);
    foreach (int n in result.ToEnumerable())
      Write($"{n} ");
    // 【出力】
    // 2 4 6 8 10

#if DEBUG
    ReadKey();
#endif
  }
}
```

　上のコードで，`Observable` クラス（`System.Reactive.Linq` 名前空間）が Rx でデータを「押し込む」側です．それに続く `Range` 拡張メソッドと `Where` 拡張メソッドは，LINQ to Objects のものではなく，Rx のものです．この例でのメソッドチェーンの出力は `IObservable<T>` 型ですが，`ToEnumerable` 拡張メソッド（これも Rx のもの）によって `IEnumerable<T>` 型に変換できるので，LINQ to Objects のように最後で `foreach` ループを回して処理できます．

　上のコードでは `ToEnumerable` 拡張メソッドを使って最終段の処理を LINQ ふうにしました．Rx では，そこは **Subscribe メソッド**で書くのが一般的です（→リスト 5.2）．`Subscribe` メソッドの引数には，最大で 3 つまでのラムダ式を渡せます（データごとの処理 / 例外発生時の処理 / 完了時の処理）．ここでは，データごとの処理だけを書いています．この例だと，`Subscribe` メソッド

は`List<T>`型の`ForEach`メソッドのようですね.

リスト5.2 Rxのコード例（Rxで一般的な書き方）

```
Observable.Range(1, 10)
          .Where(n => n % 2 != 0)
          .Subscribe(n => Write($"{n} "));
// 【出力】
// 1 3 5 7 9
```

以上の例は，LINQ to Objectsでもできるものでした.ここからは，LINQ to Objectsではできない例になります.

Rxでは，`Publish`拡張メソッドを使って1つのループを複数の処理に分配できます.たとえば最小値と最大値を求めたい場合, LINQ to Objectsでは`Min`/`Max`拡張メソッドを別々に使わなければなりません（→第1部第2.3.1項）.それではループを2度回すことになります.Rxでは，次のリスト5.3のようにして，`Min`/`Max`拡張メソッド（LINQ to ObjectsではなくRxのもの）の両方を一度のループで呼び出せるのです[23].

リスト5.3 Rxのコード例（処理の分配）

```
// Publishで複数の処理（ここではMin/Max拡張メソッド）に分配できる
(new int[] { -2, 1, 3 }) // 配列はIEnumerable（LINQの世界）
  .ToObservable() // これ以降はRxの処理
  .Select(n =>
  {
    WriteLine($"Select {n}");
    return n * n;
  })
  // Publish拡張メソッドで処理をMin拡張メソッドとMax拡張メソッドに分配し，
  // Zip拡張メソッドで両者の結果を1つにまとめる
  .Publish(n =>
    n.Min().Zip(
      n.Max(),
      (min, max) => new { Min=min, Max=max }))
  .Subscribe(
```

[23] この例のようにオンメモリのデータを処理する場合は，LINQ to Objectsで2回ループを回したほうが圧倒的に速いのでご注意ください.Rxで分配する手法は，ファイルから1行ずつ読み込んで処理する場合など，ループの繰り返しコストが高い場合に有効です.

```
      a => WriteLine($"Min={a.Min}, Max={a.Max}")
  );
// 【出力】
// Select -2
// Select 1
// Select 3
// Min=1, Max=9
```

ちなみに,上と同じ結果を LINQ で得ようとすると次のリスト 5.4 のようになります.

リスト5.4 リスト5.3のコード例と同じ結果をLINQで得る

```
// Rxと同じことをLINQでやろうとすると……
IEnumerable<int> squares
  = (new int[] { -2, 1, 3 })
    .Select(n =>
    {
      WriteLine($"Select {n}");
      return n * n;
    });
WriteLine($"Min={squares.Min()}, Max={squares.Max()}");
// 【出力】
// Select -2
// Select 1
// Select 3
// Select -2
// Select 1
// Select 3
// Min=1, Max=9
// ※Selectが2回ずつ実行される.元データの読み込み処理が2倍!
```

最後に,時間軸に沿って発生するイベントを扱う例を紹介しましょう(⊖リスト 5.5).一定間隔で処理を実行するタイマーです.これは LINQ ではちょっとできない芸当です.

リスト5.5 Rxのコード例(タイマー)

```
using System;
```

```csharp
using System.Linq;
using System.Reactive.Linq; // Rxを使う
using System.Reactive.Concurrency; // Rxのスケジューラを使う
using static System.Console;

class Program
{
  static void Main(string[] args)
  {
    WriteLine($"START - {DateTimeOffset.Now:HH:mm:ss}");
    Observable.Timer(
                TimeSpan.FromSeconds(3.0),
                TimeSpan.FromSeconds(1.0)
              ) // 3秒後に動き始める，1秒間隔のタイマー
      .Take(3) // 最初の3個だけで終了
      .ObserveOn(CurrentThreadScheduler.Instance) // 実行スレッドの指定
      .Subscribe(
        // イベントごとの処理
        i => WriteLine(
          $"{i} - {DateTimeOffset.Now:HH:mm:ss}"),
        // 完了時の処理
        () => WriteLine(
          $"END - {DateTimeOffset.Now:HH:mm:ss}")
      );
    WriteLine("タイマーセット完了");
    //【出力例】
    // START - 16:37:00
    // タイマーセット完了
    // 0 - 16:37:03
    // 1 - 16:37:04
    // 2 - 16:37:05
    // END - 16:37:05

    ReadKey();
  }
}
```

Observableクラスの Timer メソッドで Rx のタイマーオブジェクトを生成しています．この例では，生成後3秒待ってから，1秒間隔でデータ（0から始まる整数）を送り込み続けるようにしています．

その後ろの`Take`拡張メソッドは，これも LINQ to Objects のものではなくて Rx のものですが，その意味合いは同じです．Rx のタイマーオブジェクトは放っておくといつまでもデータを送り込み続けるので，`Take`拡張メソッドを使って一定数で止めています（任意のタイミングで止めるには，タイマーオブジェクトの`Dispose`メソッドを呼び出します）．

そして`Subscribe`メソッドには，2つの処理を書いています．データが来るたびに，その値（0 から始まる整数値）と現在時刻を表示しています．また，処理が完了したとき（＝`Take`拡張メソッドの制限に達したとき），文字列「END」と時刻を表示します．

コメントとして記した出力例をご覧ください．以上の説明のように出力されています．このとき，後ろに書いたコード「`WriteLine("タイマーセット完了");`」の出力が先に表示されていることに注目してください．Rx のタイマーオブジェクトによる処理は，非同期に実行されるのです[*24]．

> ### Column JavaScript 用の Rx
>
> Rx（*Reactive Extensions*）は，LINQ ではありませんが，LINQ と同様に役に立つ機能なので本書では取り上げました．
>
> 本書は C# ＋ LINQ をメインに扱っています．そこからあまりにも離れてしまうことになるので本文では触れませんでしたが，linq.js と同様に Rx も JavaScript に移植されています．
>
> **Reactive Extensions for JavaScript（RxJS）**
> `https://github.com/Reactive-Extensions/RxJS`
>
> 本書執筆時点では linq.js の開発は停滞している感がありますが，RxJS は活発に開発が進められているようです．JavaScript での開発で，LINQ も Rx も使えそうだというときは，RxJS も検討してみてください．

[*24] そのため，このサンプルコードには`Subscribe`拡張メソッドが実行されるスレッドを指定するために`ObserveOn`拡張メソッドを挟んであります．コンソールプログラムでは別スレッドから出力しても問題ありませんが，GUI を持つプログラムではこのようにしなければなりません．

Chapter 6 LINQ to CSV

ここからは，マイクロソフト以外のサードパーティから提供されているライブラリの紹介になります．

LINQ to CSV は，オープンソースのプロジェクトで[*25]，**CSV ファイルを LINQ で扱える**ようにします．

第1部 第5章で CSV ファイルを扱いましたが，それは String クラスの Split メソッドだけで分割できる簡単なものでした．実際の CSV ファイルは，ダブルクォートで囲まれた中にカンマが入っていたりするなど，かなり複雑なものであることが多いのです．そのような複雑な CSV ファイルでもうまく扱えるのが，この LINQ to CSV です．

LINQ to CSV は，ファイル読み／書きの両方ともサポートしています．読み込む例を紹介しておきましょう（➡ リスト 6.1）．

リスト6.1 LINQ to CSV のコード例

```
using LINQtoCSV;
using System;
using System.Collections.Generic;
using System.IO;
using System.Linq;
using System.Text;
using static System.Console;

// 扱うデータの定義
```

[*25]「LINQ to CSV library」については，下記の Web サイトをご覧ください．
http://www.codeproject.com/Articles/25133/LINQ-to-CSV-Library
インストールは NuGet から行います．NuGet パッケージマネージャーで "LINQ to CSV" を検索してください．

```csharp
// ※CsvColumn属性は, LINQ to CSVのもの
public class SampleData
{
    [CsvColumn(Name = "UserName", FieldIndex = 1)]
    public string Person { get; set; }

    [CsvColumn(FieldIndex = 2, CanBeNull = false)]
    public int Value { get; set; }
}

class Program
{
    static void Main(string[] args)
    {
        // CSVデータの読み取りストリーム
        // ※先頭の行はフィールド名
        //   「"」で囲まれた文字列の中に「,」がある
        //   また,「"」で囲まれた数値もある
        string sampleCsv =
@"UserName, Value
Atobe, 1000
""Yo Takahashi"", ""2000""
""Yamamoto, Yasuhiko"", ""1,500""
";
        StreamReader reader
            = new StreamReader(
                new MemoryStream(
                    Encoding.UTF8.GetBytes(sampleCsv)
                )
            );

        // CSVファイルのフォーマット指定
        CsvFileDescription inputFileDescription
            = new CsvFileDescription
            {
                SeparatorChar = ',',
                FirstLineHasColumnNames = true,
                TextEncoding = Encoding.UTF8,
            };
```

```csharp
    // CSVファイルを読み込む
    // ※一般的にはReadメソッドにファイル名を直接指定する
    //   なお，この時点では実際には読み込まれない
    IEnumerable<SampleData> data
      = (new CsvContext()).Read<SampleData>(reader, inputFileDescription);

    // LINQ to Objectsで処理
    // Personが"Yamamoto, Yasuhiko"であるデータのValueを得る
    // ※このループ処理中にファイルから1行ずつ読み込まれる
    try
    {
      int? value
        = data.Where(s =>
                    s.Person.Contains("Yamamoto, Yasuhiko"))
            .FirstOrDefault()?
            .Value;
      WriteLine(value);
      //【出力】
      // 1500
    }
    catch (Exception ex)
    {
      // CSVファイル読み込み中のエラーもここでキャッチ
      WriteLine(ex.Message);
      throw;
    }

#if DEBUG
    ReadKey();
#endif
  }
}
```

Chapter 7
Html Agility Pack

 Html Agility Pack はオープンソースのプロジェクトで，HTML ドキュメントを解釈して独自のツリー構造を構築してくれます[*26]．

 LINQ to XML（→第 3 章）は文法エラーがあると解釈に失敗しますが，Html Agility Pack なら文法エラーがある XHTML / HTML でも可能な限り補ってくれます（文法エラーがある部分の解釈が，その XHTML / HTML を記述した人

図7.1 書籍の情報が掲載されているWebページ

[*26] 「Html Agility Pack」については，下記の Web サイトをご覧ください．
https://htmlagilitypack.codeplex.com/
インストールは NuGet から行います．`NuGet` パッケージマネージャーで `"Html Agility Pack"` を検索してください．

の意図と同じになるとは限りません).構築されたツリー構造から目的の
HTML要素を取り出すには,XPath構文を使います[27].取り出されたHTML要
素は`IEnumerable`型なので,あとはLINQ to Objectsで処理できます.

例として,前ページ図7.1に示した技術評論社のWebページから書籍の情報
を取り出してみましょう[28].

このWebページのHTMLソースの一部を次に示します.

リスト7.1 WebページのHTMLソースの一部

```
……(省略)……
<ul ……(省略)…… id="listBook" class="list-book">
  <li ……(省略)……>
    <a itemprop="url" href="/dp/ebook/2013/978-4-7741-5907-2">
      <img itemprop="image" src= ……(省略)……/>
      <p itemprop="name" class="title">C<wbr/>#<wbr/>による
        ➥マルチコアのための非同期/<wbr/>並列処理プログラミング</p>
      <p itemprop="author" class="author">山本康彦 著</p>
      ……(省略)……
    </a>
  </li>
  <li ……(省略)……>
    ……(省略)……
  </li>
  ……(省略)……
</ul>
……(省略)……
```

HTMLドキュメントの中に「`listBook`」という値の`id`属性を持つ`<ul>`要素
があります.その中に,書籍1冊の情報が`<li>`要素として複数入っています.
その`<li>`要素の中には`<a>`要素があって,その`href`属性には書籍紹介ページ
のURLが設定されています.その`<a>`要素の中にはまたいくつかの要素があ
りますが,`itemprop`属性が「`name`」となっている`<p>`要素の中に書籍のタイト
ルが入っています.

---

[27] XPath構文については,MSDN「XPathの例」(下記URL)をご覧ください.
https://msdn.microsoft.com/library/ms256086.aspx
[28] URLは下記のとおりです.Webページの内容は,変更される可能性があります.以降の本文に示すHTMLドキュ
メントは2016年1月現在のものです.本文に示したコードは本書執筆時点では正しく動作しましたが,将来に
わたって動作することを保証するものではありません.
https://gihyo.jp/dp?query=C%23

この書籍紹介ページのURLと書籍のタイトルを取り出すプログラムは，次のリスト7.2のようになります．

リスト7.2 Html Agility Packのコード例

```
using System.Linq;
using static System.Console;

class Program
{
  static void Main(string[] args)
  {
    // サンプルに使うWebページ
    string url = "https://gihyo.jp/dp?query=C%23";
    // 注意：
    // Webページの内容は，変更される可能性があります．
    // 以下のコードは本書執筆時点では正しく動作しましたが，
    // 将来にわたって動作することを保証するものではありません．

    // Html Agility PackにWebページを読み込ませる
    HtmlAgilityPack.HtmlDocument htmlDoc
      = (new HtmlAgilityPack.HtmlWeb()).Load(url);

    //「id="listBook"」という属性を持つ<ul>要素を探し，
    // その中の<li>要素をすべて取り出す（XPath）
    HtmlAgilityPack.HtmlNodeCollection books
      = htmlDoc.DocumentNode
          .SelectNodes(@"//ul[@id=""listBook""]/li");
    WriteLine($"{books.Count}冊の本が見つかりました．");
    //【出力例】
    // 5冊の本が見つかりました．

    // <li>要素の中には，
    // <a>要素が1つあり，href属性を持っている
    // さらに，その中には，
    //「itemprop="name"」属性を持った<p>要素（＝書名）がある
    // booksの中から書名に「マルチコア」を含むものを探す（LINQ to Objects）
    var result
      = books.Select(li =>
            new {
```

```
                    relativeUrl
                        = li.SelectSingleNode(@"./a")?
                            .GetAttributeValue("href", string.Empty),
                    title
                        = li.SelectSingleNode(@".//p[@itemprop=""name""]")?
                            .InnerText,
                }
            )
            .Where(book => book.title?.Contains("マルチコア")??false)
            .FirstOrDefault();
    WriteLine($"書名：{result?.title}");
    WriteLine($"URLパス：{result?.relativeUrl}");
    // 【出力例】
    // 書名：C#による マルチコアのための非同期／並列処理プログラミング
    // URLパス：/dp/ebook/2013/978-4-7741-5907-2

#if DEBUG
    ReadKey();
#endif
    }
}
```

Chapter 8 Webサービスを利用するためのLINQ

近年はクラウドの利用が盛んになっています．プログラムからクラウドを利用することは，一般的にはWebサービスを利用するということです．

このWebサービスを利用するプログラミングでLINQをサポートしてくれるライブラリが，サードパーティから数多く公開されています．その中から2つ紹介しましょう．

8.1 LINQ to JSON

Webサービスから得られる結果は，多くはXMLかJSONフォーマットです．XMLならば，その結果はLINQ to XML（→第3章）を使って解析すればよいですね．JSONの場合は，Json.NETに含まれている**LINQ to JSON**を利用すると，**簡単に解析できます**．Json.NETは，オープンソースのプロジェクトです[*29]．

ここでは，BingのWeb検索APIを使い，結果のJSONデータをLINQ to JSONを使って解析してみましょう．

コンソールプログラムとして作る場合，リスト8.1に示す using 宣言が必要です．

リスト8.1 Bing APIとLINQ to JSONを使うコンソールプログラムのusing宣言

```
using Newtonsoft.Json.Linq; // Json.NET
using System;
```

[*29] 「Json.NET」については，下記のWebサイトをご覧ください．
http://www.newtonsoft.com/json/
インストールはNuGetから行います．NuGetパッケージマネージャーで "Newtonsoft.Json" を検索してください．

```
using System.Linq;
using System.Net;
using System.Net.Http;
using System.Threading.Tasks;
using static System.Console;
```

BingのWeb検索APIを呼び出して結果をJSONフォーマットで得るコードは，たとえば次のリスト8.2に示したメソッドのようになります[*30]．

リスト8.2 BingのWeb検索を呼び出すメソッド

```
static async Task<string> SearchBingByJson(string searchWord)
{
  string serviceUrl
    = "https://api.datamarket.azure.com/Bing/Search/v1/Web";
  string bingPrimaryAccountKey
    = "……（省略）……"[*31];
  string encodedWord
    = Uri.EscapeDataString($"'{searchWord}'");

  using (var handler = new HttpClientHandler())
  {
    handler.Credentials
      = new NetworkCredential(bingPrimaryAccountKey,
                                              bingPrimaryAccountKey);
    using (var client = new HttpClient(handler))
    {
      var result = await client.GetStringAsync(
        $"{serviceUrl}?Query={encodedWord}&$top=3&$format=json");
      // $top=3 ── 先頭の3件だけ取得
      // $format=json ── 結果をJSONフォーマットで取得
      return Uri.UnescapeDataString(result);
    }
  }
}
```

[*30] 「Bing Search API」を利用するには，下記のURLで利用権を購入する必要があります（月に5000回までは無料なので，試してみるだけならそれを「購入」すればよいでしょう）．
https://azure.microsoft.com/ja-jp/marketplace/partners/bing/search/
なお，Webサービスの内容は，変更される可能性があります．本文に示したコードは本書執筆時点では正しく動作しましたが，将来にわたって動作することを保証するものではありません．

[*31] この文字列には，「Bing Search API」の利用権を購入後に下記のURLで取得できる「プライマリアカウントキー」を設定します．
https://datamarket.azure.com/dataset/explore/bing/search

このメソッドで得られる結果は，たとえば次のリスト8.3のようなJSONフォーマットの文字列です（読みやすいように整形済み）．

リスト8.3　Bing APIから返されるJSONフォーマットのデータ例

```
{
  "d":
  {
    "results":
    [
      {
        "__metadata":
        {
          "uri":"https://api.datamarket.azure.com/ ……（省略）……",
          "type":"WebResult"
        },
        "ID":"04d32782-659c-4388-8a36-1103aa4ac12c",
        "Title":"Amazon.co.jp：C#によるマルチコアのための……（省略）……",
        "Description":"内容紹介．いまやマルチコアのCPUは……（省略)……",
        "DisplayUrl":"www.amazon.co.jp/C-によるマルチコアの……（省略)……",
        "Url":"http://www.amazon.co.jp/C-によるマルチコアの……（省略)……"
      },
      {
        "__metadata":
        {
          ……（省略）……
        },
        "ID":"46e3e8f0-8a6c-4189-9563-5bec24603902",
        "Title":"C#による　マルチコアのための非同期／並列処理 …(省略)…",
        ……（省略）……
      },
      ……（省略）……
    ],
    "__next":"https://api.datamarket.azure.com/ ……（省略）……"
  }
}
```

このJSONデータから，たとえば **"Title"** と **"Url"** を取り出したいとします．そのためには，**"d"** オブジェクトの下の **"results"** オブジェクトの下にあるオブジェクトのコレクションを取り出して，それぞれの要素から **"Title"** と **"Url"**

のオブジェクトを取り出せばよいのです．文章で書くと難しそうですが，LINQ to JSON を使ったコードは簡単です（→ リスト 8.4）．

リスト8.4 Bing APIから得られた結果をLINQ to JSONで解析する

```
static void Main(string[] args)
{
  // Bing APIを呼び出して，Web検索
  Task<string> task = SearchBingByJson("C# マルチコア 非同期");
  task.Wait(); // コンソールプログラムのMainメソッドではawaitできない
  string jsonResult = task.Result;

  // Json.NETのLINQ to JSONを使って，TitleとUrlを取り出す
  JObject jo = JObject.Parse(jsonResult);
  var results
    =jo["d"]["results"]
      .Select(t =>
        new {
          Title = t["Title"],
          Url = t["Url"]
        }
      );
  foreach (var result in results)
  {
    WriteLine($"TITLE: {result.Title}");
    WriteLine($"URL: {result.Url}");
  }
  //【出力例】
  // TITLE: Amazon.co.jp： C#によるマルチコアのための非同期 …（省略）…
  // URL: http://www.amazon.co.jp/C-によるマルチコアのための … （省略）…
  // TITLE: C#による マルチコアのための非同期／並列処理 ……（省略）……
  // URL: http://gihyo.jp/book/2013/978-4-7741-5828-0
  // TITLE: C#によるマルチコアのための非同期/並列処理 ……（省略）……
  // URL: http://topics.libra.titech.ac.jp/recordID/catalog.bib/BB13115684

#if DEBUG
  ReadKey();
#endif
}
```

なお，Json.NETでは，データを表すクラスを定義しておくと，さらに簡単に解析コードを書けます．ちょっとしたコードを書くには上記のコードのようにすると早いですが，きちんとしたアプリケーションを書くときはデータクラスを定義することをお勧めします．

8.7 LINQ-to-Wiki

特定のWebサービスに特化したライブラリもあります．既存のWebサービスを使おうと思ったときには，そのためのLINQライブラリを探してみるとよいでしょう．有名なところでは，「LINQ to Twitter[32]」などがあります．

ここでは，オープンソースのプロジェクトの **LINQ-to-Wiki** を紹介します[33]．LINQ-to-Wikiは **Wikipediaにアクセスするためのライブラリ**です．Wikipediaの編集も可能ですが，ここではページを検索するコードを紹介しておきます（➡リスト8.5）．

このようなWebサービスに特化したライブラリを使うと，Webサービスにアクセスするためのコードすら書く必要がありません．いきなり問い合わせを書くだけでよいのです．

リスト8.5 LINQ-to-Wikiを使うコンソールプログラムの例

```
using LinqToWiki.Generated; // LINQ-to-Wiki
using System.Linq;
using static System.Console;

class Program
{
  static void Main(string[] args)
  {
    var wiki
      = new Wiki("LinqToWiki.Samples", "ja.wikipedia.org");
    var results
      = wiki.Query
            .search("LINQ").Pages // "LINQ"を含むページを検索する
            .Select(page =>
```

[32]「LINQ to Twitter」については，下記のWebサイトをご覧ください．
https://github.com/JoeMayo/LinqToTwitter
[33]「LINQ-to-Wiki」については，下記のWebサイトをご覧ください．
https://github.com/svick/LINQ-to-Wiki
　　インストールはNuGetから行います．NuGetパッケージマネージャーで **"LINQ-to-Wiki"** を検索してください．

```
                new {
                  Title = page.info.title,
                  Url = page.info.fullurl
                }
            )
            .ToEnumerable() // 以降，LINQ to Objects
            // ページのタイトルに"言語"を含むものに絞り込む
            .Where(a => a.Title.Contains("言語"));
    foreach (var a in results)
        WriteLine($"{a.Title} - {a.Url}");
    //【出力例】
    // 統合言語クエリ - http://ja.wikipedia.org/wiki/%E7%B5%B1%E5
                                                    ➡……（省略）……
    // アセンブリ（共通言語基盤）- http://ja.wikipedia.org/wiki/
                                                    ➡……（省略）……
    // メタデータ（共通言語基盤）- http://ja.wikipedia.org/wiki/
                                                    ➡……（省略）……

#if DEBUG
    ReadKey();
#endif
  }
}
```

Chapter 9 他のプラットフォームの LINQ

Chapter 9
他のプラットフォームの LINQ

　最後に紹介するのは，**他のプラットフォームで使う LINQ** です．LINQ は，Windows だけ，.NET Framework だけのものではないのです．
　まず，Windows 以外の OS 用の開発環境で C# をサポートしているものです．その中には LINQ をサポートしているものがあります．Windows とのクロスプラットフォーム開発を行える「Xamarin[*34]」や「Unity[*35]」などで，LINQ がサポートされています．Android や iOS などでも LINQ が使えるのです．
　また，**他言語での LINQ 実装**があります．Java, JavaScript, Python[*36], PHP[*37] など多くの言語で LINQ の実装が公開されています．
　Java では，Java Platform SE 8（2014 年）で，LINQ に似た「Stream[*38]」が実装されました．しかし，まだ LINQ の機能のほうが豊富なため，Java での LINQ 実装の開発は続けられています[*39]．
　JavaScript での LINQ 実装は，クロスプラットフォーム開発という観点からすると，とても重要です．Web ページで使えるだけでなく，さまざまなプラットフォームでのアプリケーション開発にも利用できるからです．Windows 10

[*34] Xamarin は iOS / Android / Mac / Windows 対応のクロスプラットフォーム開発環境です．開発は Xamarin, Inc.（下記 URL），日本語版の販売とサポートはエクセルソフト株式会社（下記 URL）が行っています．
http://xamarin.com/
http://www.xlsoft.com/jp/products/xamarin/
[*35] Unity は Android / iOS / Windows / Mac / Linux / PlayStation / Xbox などに対応したクロスプラットフォーム開発環境です．開発元は Unity Technologies（下記 URL）です．
http://unity3d.com/jp/
[*36] Python の LINQ 実装例としては「Pynq」（下記 URL）があります．
https://github.com/heynemann/pynq/wiki
[*37] PHP の LINQ 実装例としては「PHPLinq」（下記 URL）があります．
http://phplinq.codeplex.com/
[*38] Stream については以下のドキュメントをご覧ください．
http://docs.oracle.com/javase/jp/8/docs/api/java/util/stream/Stream.html
[*39] Java の LINQ 実装例としては「jLinqer」（下記 URL）があります．
https://github.com/k--kato/jLinqer
ちなみに，jLinqer の開発者は日本人です．

のUWPアプリはJavaScriptでもコーディングできます．AndroidやiPhone用のアプリもJavaScriptで作成できます[*40]．

このようなJavaScriptにも，LINQの実装がいくつか公開されています．その1つに「linq.js」があります．以降では，linq.jsを紹介していきます．

9.1 linq.js

linq.jsはオープンソースのプロジェクトで，**JavaScriptによるLINQの実装**です[*41]．

linq.jsを使ったコードを紹介しましょう．ここでは，linq.jsのver. 3を使います（ver. 2とver. 3では大きな仕様変更が行われています）．また，jQueryも使います[*42]．Webページを配置したフォルダーの下に「**Scripts**」という名前のフォルダーを作って，そこにlinq.jsとjQueryのファイルを配置しておきます．

Visual Studio 2015を使う場合，プロジェクトにlinq.jsのファイルを含めておくと，コードの編集中にインテリセンスが機能します（⇒図9.1）．いまや

図9.1 JavaScriptのライブラリでもVisual Studioのインテリセンスは有効

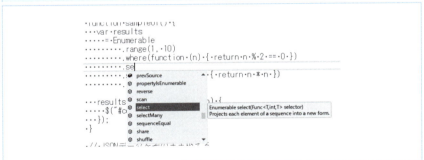

[*40] たとえば「Apache Cordova」は，Android / iOS / Window Phoneなどに対応しています（下記URL）．
https://cordova.apache.org/docs/en/latest/guide/support/index.html
なお，Cordovaを使った開発は，Visual Studio Tools for Apache Cordovaを導入したVisual Studioでも可能です（下記URL参照）．
https://www.visualstudio.com/ja-jp/features/cordova-vs.aspx
[*41] 「linq.js」についてはWebサイトをご覧ください．
http://linqjs.codeplex.com/
ちなみに，linq.jsの開発者も日本人です．
なお，最新版のver. 3は，まだベータ版のため（本書執筆時），「DOWNLOADS」タブのページの右側にある「OTHER DOWNLOADS」からダウンロードしてください．NuGetから導入する場合は，プレリリースも含めて検索してください．
[*42] jQueryは，主にDOMの操作と変更を強力にサポートしてくれるJavaScriptのライブラリです．これ無しでは，JavaScriptでHTML要素を操作するコードは書きたくなくなるというほどのものです．
以下のサイト，またはNuGetから，最新版（v.2.1.4以降）を入手してください．
http://jquery.com/

Visual Studioは，Webページを編集する最強ツールの1つでもあるのです．

それでは，Webページにlinq.jsを使った簡単なコードを書いてみましょう．Webページ全体のコードをリスト9.1に示します．

リスト9.1 linq.jsを使うWebページの例

```html
<!DOCTYPE html>
<html lang="ja">
<head>
  <meta charset="utf-8" />
  <title>linq.js sample</title>
  <link rel="stylesheet" href="app.css" type="text/css" />
  <script type="text/javascript" src="./Scripts/jquery-2.1.4.js"></script>
  <script type="text/javascript" src="./Scripts/linq.js"></script>
  <script type="text/javascript">
    $(function () {
      $("#content").append("<span>Enumerable.range</span><br />")
      sample01();

      $("#content").append("<br /><span>JSON</span><br />")
      sample02();
    });

    // 1～10の整数から，偶数を取り出して2乗する
    function sample01() {
      var results
        = Enumerable
          .range(1, 10)
          .where(function (n) { return n % 2 == 0 })
          .select(function (n) { return n * n })
          .toArray();

      results.forEach(function (n) {
        $("#content").append(n.toString() + "<br />")
      });
    }

    // JSONデータをそのまま扱える
    function sample02() {
      var jsonArray = [
```

```
        {
            "user": { "id": 100, "screen_name": "d_linq" },
            "text": "to objects"
        },
        {
            "user": { "id": 130, "screen_name": "c_bill" },
            "text": "g"
        },
        {
            "user": { "id": 155, "screen_name": "b_mskk" },
            "text": "kabushiki kaisha"
        },
        {
            "user": { "id": 301, "screen_name": "a_xbox" },
            "text": "halo reach"
        }
      ]
      var results
        = Enumerable
          .from(jsonArray)
          .where(function (x) { return x.user.id < 200 })
          .orderBy(function (x) { return x.user.screen_name })
          .toArray();

      results.forEach(function (x) {
        $("#content")
          .append(x.user.screen_name + ':' + x.text + "<br />");
      });
    }
  </script>
</head>
<body>
  <h1>linq.js sample</h1>
  <div id="content"></div>
</body>
</html>
```

　C#とはまるで異なる表記も登場して，戸惑われるかもしれませんね．「`$("#content")`」というのはjQueryによる表記で，下から3行目のHTML要素「`<div id="content"></div>`」を指しています．whereメソッドなどの引数

に登場する「function (n) { …… }」という表記は，ラムダ式だと思ってください（Visual Basic のラムダ式に似ています）．あとはだいたい想像できるかと思います．

1つ目の例（function sample01）は，1から10の整数から偶数を取り出して2乗しています．細かい部分では違いますが，Enumerable.rangeで連続した整数を作り，それをwhereしてselectして結果を得る手順は，まさにLINQそのものです．

2つ目の例（function sample02）は，JavaScriptではJSONをそのまま扱えることを示しています．JSON（*JavaScript Object Notation*）はJavaScript ネイティブなので，このように簡単に扱えます[*43]．

実行結果は次の図9.2のようになります[*44]．

図9.2 linq.jsを使ったコードの実行例（Windows 10のEdgeブラウザー）

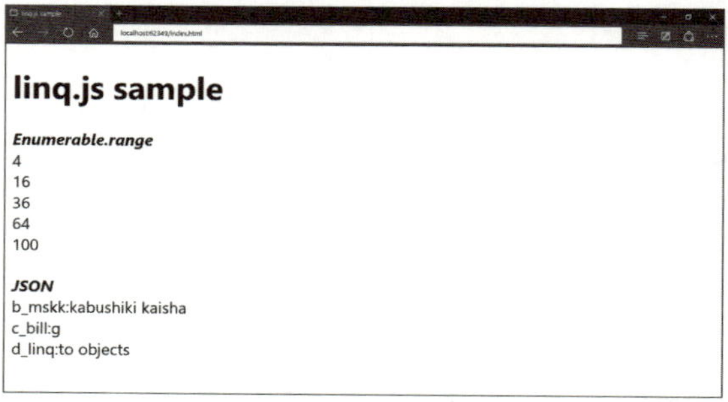

```
linq.js sample

Enumerable.range
4
16
36
64
100

JSON
b_mskk:kabushiki kaisha
c_bill:g
d_linq:to objects
```

[*43] 逆に，JavaScript ではXMLのサポートがないので，XMLを操作するためのライブラリが必要になります．これには，下記の「ltxml.js」などがあります．
　　http://ltxmljs.codeplex.com/
[*44] ローカルディスクに置いたHTMLのJavaScriptは，セキュリティの制限によりブラウザーで表示できないことがあります．ここでは，Visual Studioに付属するテスト用のWebサーバーを使っています．

Appendix
Visual Studio Community 2015 のインストールと使い方

ここでは，Visual Studio を使うのは初めてあるいは不慣れという読者のために，その特徴やインストールの方法，そして PC 用のプロジェクトを作る手順を紹介します．

Chapter 1 Visual Studio 2015の特徴と種類

Visual Studioのパッケージは，IDE（統合開発環境：*Integrated Development Environment*）と呼ばれる本体プログラムと，開発に利用する多数のツールプログラムから成っています．本書で単に「Visual Studio」などというときは，IDEを指しています．多数のツールプログラムを含めて呼ぶときは，「Visual Studioパッケージ」ということにします．

本章では「Visual Studio Community 2015」を使っていきますが，その名称の「2015」は一種のバージョンとなっています．しかし，バージョン番号は別に付けられていて，「2015」は「Version 14」となっています[*1]．図1.1をご覧ください．これはVisual Studioのバージョンダイアログの一部分です．

図1.1 Visual Studioのバージョンダイアログ（部分）

[*1] ただし，マイクロソフトは全体にわたって随時改良しています（バージョンアップだけでなく，数カ月ごとにリリースされるアップデートでも）．そのため本章の内容と実際とが細部で異なることもあります．そのようなときは，類推していただくか，Webで最新情報を検索していただくようお願いします．

「Visual Studio Community 2015」の「Community」はエディション（*edition*：版）を表しています．Visual Studio 2015 パッケージにはいくつかの種類がありますが，エディションでそれを区別しています．どのような違いがあるのかは，次の表 1.1 をご覧ください．

表1.1 Visual Studio 2015パッケージの主なエディション

エディション	価格	特徴
Express for Desktop Express for Web Express for Windows 10	無償	機能は制限されているが，企業でも利用できる． 「for Desktop」は従来のデスクトッププログラム（Windows フォームと WPF）を作成できる． 「for Web」は，ASP.NET などの Web アプリを作成できる． 「for Windows 10」は，Windows 10 用の UWP アプリを作成できる． これら 3 つのエディションをひとまとめにして，「Express エディション」と呼ぶこともある．
Community	無償	機能は Professional エディションとほぼ同じ． 個人での利用は制限無し．会社組織などでの利用には，ライセンス上の制約がある．
Professional	有償	小規模開発向け．
Enterprise	有償	大規模開発向け．Professional エディションの機能に加えて，アプリケーションライフサイクルマネージメント（ALM）や開発 / 運用連携（DevOps）などのサポート機能が充実している．
Test Professional	有償	テストと ALM / DevOps のサポート機能は Enterprise エディションに近く，価格は Professional エディションに近い．プログラムを開発する機能は削られている．

本書では，無償の Community エディションを使っています．個人での利用には特に制限がなく，商利用，すなわち作成したプログラムの販売も可能です．複数人が参加する開発プロジェクトでの利用には，少々複雑なライセンス上の制約があります．大企業の開発プロジェクトなどでは利用できません．オープンソースソフトウェア（OSS）の開発などでは利用できます．条件の正確な内容は，マイクロソフトの Web サイトなどで確認してください．

Community エディションで開発できるプログラムには，次の表 1.2 のような種類があります．Visual Studio パッケージは，もはや Windows 用のプログラムを開発するだけのものではなくなっています．

表1.2 Visual Studio 2015パッケージで作成できる主なプログラムの種類

プログラムの種類	特徴 / 注意事項
従来のWindowsアプリ（Classic Windows Application：CWA）	Windowsフォーム / WPF / MFCなど，Windows 8以前からあるデスクトッププログラム．
ストアアプリ / Windowsランタイムアプリ / ユニバーサルWindowsアプリ / UWPアプリ	Windows 8で導入された新しい形式のプログラム（マイクロソフト内でも呼称が安定していないので，文脈から判断してほしい．本書では「UWPアプリ」を用いている）．Windows 8.1とWindows Phone 8.1ではソースの共用が可能。Windows 10では，1つのソースコードですべてのWindows 10デバイス（PC / タブレット / Windowsフォン / 組み込み機器 / Xbox / Surface Hub / HoloLensなど）に対応可能．
Webアプリ（ASP.NET / ASP.NET MVC）	マイクロソフトのWebサーバー「IIS」で動作するプログラム．なお，ASP.NET 5では，Windowsだけでなく，MacやLinuxもサポートしている．
Androidアプリ	Android用のアプリも開発できる．付属のエミュレーターでデバッグ実行するには，WindowsにHyper-Vの機能が必要．
iOSアプリ	iOS用のアプリも開発できる．ただし，ビルド / デバッグにはMacの実機が必要．

Visual Studio 2015 パッケージをインストールできるのは，Windows 7 Service Pack 1 以降です．

ここでは Visual Studio Community 2015 パッケージをインストールします．インストールには 2 通りの方法があります．

- **Web インストーラー**：インストールするファイルをダウンロードしながら，並行してインストールも実行する．1 台だけにインストールするなら，この方法が早く済む
- **ISO イメージ**：DVD に焼くか，ISO イメージをドライブとしてマウントするツール（Windows 8 以降には標準装備）を使い，その中にあるセットアッププログラムを実行する．複数台にインストールするときは，ダウンロードが 1 回だけで済むこの方法が適している

ここでは Web インストーラーを使うことにします．本書執筆時点では，次の URL から入手できます[*2]．（→ 次ページ図 2.1）

https://www.visualstudio.com/products/visual-studio-community-vs

Web インストーラー「vs_community_JPN.exe[*3]」を起動します．

最初にインストールの種類を選択できる画面が出てきますが，本書の扱う範囲であれば既定のままでかまいません．あとは指示に従って進めていけば，インストールが完了します．完了後には，Windows の再起動が必要です．

[*2] URL は，予告なく変更されることがあります．
[*3] Web インストーラーの実行ファイル名は，予告なく変更されることがあります．この名前は，本書執筆時点のものです．

Chapter 2 インストール

図2.1 Webインストーラーを入手するWebページ

Chapter 3 初めての起動

インストールできたら，さっそく Visual Studio を起動してみましょう．すると，次の図 3.1 のように，サインインを求めるダイアログが出てくるはずです．マイクロソフトアカウントでサインインしてください（アカウントを持っていない場合は，サインインの作業中に新しく取得できます）．

図3.1 マイクロソフトアカウントでのサインインを求めるダイアログ

Visual Studio のライセンス体系は，Windows や Office などとは異なっていて，ユーザーごとのライセンスになっています．ライセンスを持っているユーザーが使う分には，何台のデバイスにインストールしてもかまいません．その

ユーザーを識別するために，マイクロソフトアカウントを使っているのです．
Express エディションと Community エディションでは，マイクロソフトアカ
ウントでのサインインが必須になっています[*4]．サインインは後からでもかま
いませんが，30 日以内にサインインしないと Visual Studio が使えなくなるの
で注意してください．

なお，マイクロソフトアカウントでサインインすると，PC 間で Visual Studio
の設定が自動的に同期されます．

Visual Studio 2015 の利用がまったくの初めてという場合は，サインイン後
に，開発設定と配色テーマを選択するダイアログが出てくるはずです．開発
設定は，特にこだわりがなければ［Visual C#］を選んでおくのがよいでしょ
う．配色は，好きなものを選んでください．本書では［淡色］テーマを使っ
ています．

起動し終えた Visual Studio 2015 の IDE は，図 3.2 のようになっています[*5]．

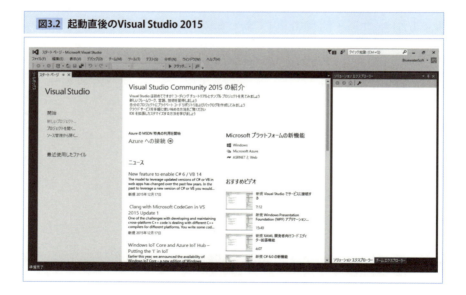

図3.2 起動直後のVisual Studio 2015

ここでウィンドウの右上部分に注目しておきましょう．拡大すると，次の図

[*4] Professional エディションなどの有償版では，プロダクトキーを入力することも可能です．購入したユーザーと
プロダクトキーは 1 対 1 ですから（ライセンス規約としてはそうなっています），プロダクトキーでもユーザー
を識別できるわけです．
[*5] MSDN を契約しているアカウントで利用している場合には，最初に MSDN 特典に関する説明が表示されることが
あります．その場合には，スタートページに移動するリンクをクリックすると，図 3.2 のようになるはずです．

3.3のようになっています．

図3.3 Visual Studio 2015の右上部分（拡大）

ウィンドウを閉じる / 最大化する / 最小化するための見慣れたボタンのほかに，次のようなユーザーインターフェイスがあります（左から順に）．

- Ⓐ 旗のアイコンと数字：アップデートの通知などがあると，その件数が表示される．クリックすると通知内容が表示される
- Ⓑ 吹き出し付きの人物：クリックすると，フィードバックするためのメニューが表示される（後述）
- Ⓒ クイック起動：メニューやオプション設定を検索できる
- Ⓓ ユーザー名とそのアイコン（下段）：既定では，マイクロソフトアカウントの名前と自動生成されたアイコンが表示されている（変更可能，後述）[*6]

人物のアイコン（Ⓑ）をクリックすると，図3.4のようなフィードバックメニューが表示されます．

図3.4 Visual Studio 2015のフィードバックメニュー（拡大）

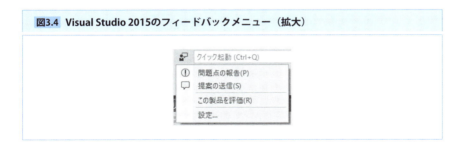

フィードバックメニューの上の2つでは，簡単にフィードバックを行えます．Visual Studioや同梱されているツールのバグ報告や改善提案に使ってください．

下段のユーザー名とそのアイコン（Ⓓ）は，既定ではマイクロソフトアカウントの名前と自動生成されたアイコンが表示されています．これは（マイクロ

[*6] 図のアイコンは既定のものから変更されています．

ソフトアカウントの名前の管理とは独立して）変更できます．ユーザー名かアイコンをクリックして出てくるメニューから［アカウントの設定］を選び，表示されたダイアログで［Visual Studio プロファイルの管理］リンクを選ぶと，Web ブラウザーが立ち上がって情報を編集するページが開きます．

次に，オプション設定を見ておきましょう．Visual Studio 上部のメニューバーから［ツール］－［オプション］とメニューを選ぶと，［オプション］ダイアログが表示されます．

Visual Studio を起動してみたら英語だった（日本語で使いたいのに）というときは，オプションダイアログで［環境］－［国際対応の設定］という項目を表示します（次の画像）．

図3.5　Visual Studio 2015のオプションダイアログ（国際対応の設定）

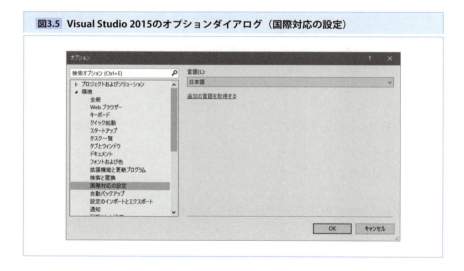

ここで［言語］ドロップダウンリストを開いて日本語を選択します．ドロップダウンリストに日本語の選択肢がないときは，その下の［追加の言語を取得する］リンクを選びます．すると Web ブラウザーが立ち上がって，Language Pack をダウンロードするページが表示されます．Visual Studio をいったん終了させてから，Language Pack をインストールします．再び Visual Studio を起動し，このオプションダイアログの［言語］ドロップダウンリストで日本語に切り替えます[7]．

[7] Language Pack のインストール中にエラーが出たときでも，実際にはインストールに成功していることがあります．オプションダイアログの［言語］ドロップダウンリストを確認してみてください．

そのほかにもオプションダイアログで設定できる内容はたくさんありますが，変更が必須だと筆者が思っているのは行番号の表示です．オプションダイアログで［テキストエディター］－［すべての言語］－［全般］という項目を表示します（→ 図 3.6）.

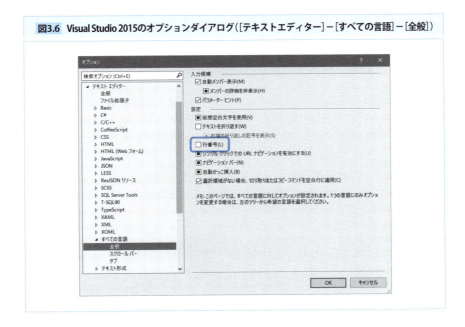

図3.6 Visual Studio 2015のオプションダイアログ（［テキストエディター］－［すべての言語］－［全般］）

この設定の［行番号］をクリックし，チェックマークが付いた状態にします．これで，ソースコードエディターの左側に行番号が表示されるようになります[*8]．また，［すべての言語］－［タブ］の項目では，タブキーを打ったときに空白文字が入るかタブ文字が入るかを切り替えられます．

なお，初回起動時に行った開発設定を変えたくなったときや，オプションダイアログの設定内容を初期値に戻したいときは，メニューバーの［ツール］－［設定のインポートとエクスポート］を使います．

---

*8 また，ソースコードエディターを開いているときに，メニューバーから［編集］－［詳細］－［スペースの表示］を選ぶと，空白文字とタブ文字のところに記号が表示されるようになります．本書ではその設定で使っています．

Chapter 4 コンソールプログラムを作る

Chapter 4
コンソールプログラムを作る

「コンソールプログラム」とは，デスクトップのコマンドプロンプト（＝コンソール）との間で入出力をするプログラムです[*9]（→図 4.1）．Windows が登場する以前に，その前身である MS-DOS という PC 用の OS がありました．コンソールプログラムは，その MS-DOS の時代から使われ続けているプログラムの形式です．

図4.1 実行中のコンソールプログラム（背景はVisual Studio 2015）

[*9] 同じ作り方でコマンドプロンプトと入出力しないプログラムも作れます（それでもコンソールプログラムと呼びます）．

316

4.1 プロジェクトを作る

実際にコンソールプログラムを作ってみましょう．Visual Studio Community 2015 を起動し，メニューバーから［ファイル］－［新規作成］－［プロジェクト］を選びます．すると図 4.2 のような［新しいプロジェクト］ダイアログが出てきます．

図4.2 ［新しいプロジェクト］ダイアログでコンソールプログラムを指定する

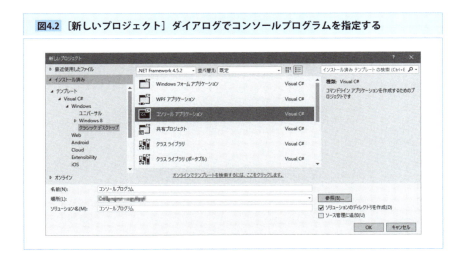

コンソールプログラムを作るには，［新しいプロジェクト］ダイアログの左側で［インストール済み］－［テンプレート］－［Visual C#］－［Windows］－［クラシックデスクトップ］を選び，ダイアログの中央部分で［コンソールアプリケーション］を選びます．下の［名前］欄にはプロジェクトに付ける名前を，［ソリューション名］欄にはソリューションに付ける名前を入力します．［場所］欄には，ソリューションを保存するフォルダーを指定します（［場所］欄に指定したフォルダーの下にソリューション名でフォルダーが作られます．ただし，右の［ソリューションのディレクトリを作成］チェックボックスのチェックをはずすと，［場所］欄のフォルダーにソリューションの内容が直接保存されます）．最後に［OK］ボタンをクリックすると，コンソールプログラム用のプロジェクトが作成されます．

プロジェクトを作成した直後のソリューションエクスプローラー（デフォルトではコード入力画面の右側）は次ページ図 4.3 のようになっています（ソ

リューションエクスプローラーが表示されていないときは，メニューバーの［表示］-［ソリューションエクスプローラー］を選択します）．

図4.3 プロジェクト作成直後のソリューションエクスプローラー

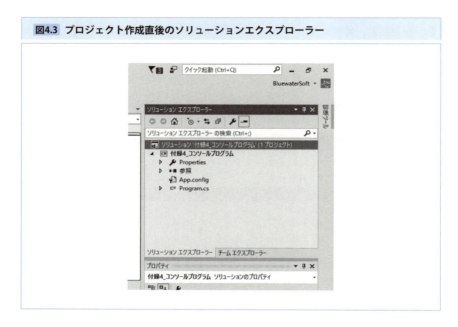

ソリューションエクスプローラーは，Visual Studio でのプログラミングにおいて次に行う作業を指定するところです．ここの操作には十分に習熟しておきましょう．

「ソリューション」とは，Visual Studio がプログラム開発を管理する単位です．一度に1つのソリューションしか開けません．ソリューションの中に「プロジェクト」があります．1つのソリューションには複数のプロジェクトを含めることができます．プロジェクトの中には，ソースコードや設定情報など，1つの実行ファイルを生成するために必要なすべてが含まれています．このプロジェクトの1つから，1つの実行ファイルが生成されます（厳密には違うのですが，とりあえずはそのように理解しておいてください）．

コンソールプログラムの場合は，生成されたプロジェクトの内容は次のようになっています（図4.3も参照）．

- 「`Properties`」フォルダー：「`AssemblyInfo.cs`」ファイルが入っている．こ

のファイルには，実行ファイルへ埋め込むバージョン情報などを記述する
- 「参照」仮想フォルダー：参照しているクラスライブラリなどの情報．クラスライブラリなどの API を利用するには，ここにそのクラスライブラリを登録しておく必要がある（その操作を「参照を追加する」という）
- 「App.config」ファイル：実行時に参照するさまざまな情報を格納できる（本書では利用しない）
- 「Program.cs」ファイル：コンソールプログラムのソースコード．ここにある「Main」メソッドがコンソールプログラムの開始時に呼び出される

コンソールプログラムを作成するときは，「Program.cs」ファイルの「Main」メソッドを起点として書き始め，必要に応じてクラスや構造体などのソースファイルを追加していきます．

4.7 プログラムを書く

ごく簡単なコンソールプログラムを書いてみましょう．ソリューションエクスプローラーで「Program.cs」ファイルをクリックすると，ソースコードエディターが開きます（オプション設定によっては開かないことがありますが，その場合はダブルクリックしてください）．そうしたら，次のリスト 4.1 のコードを記述します（太字の部分をキー入力します）．

リスト4.1　ごく簡単なコンソールプログラム

```
using System;
using System.Collections.Generic;
using System.Linq;
using System.Text;
using System.Threading.Tasks;

namespace 付録4_コンソールプログラム
{
  class Program
  {
    static void Main(string[] args)
    {
      // コンソールのタイトルバーに文字列を設定する
```

```
        Console.Title = "My First Console Program";

        // コンソールに"Hello, console!"という文字列を出力する
        Console.WriteLine("Hello, console!");

#if DEBUG
        // コンソールへのキー入力を1つ読み取る（入力されるまで待機）
        Console.ReadKey();
#endif
    }
  }
}
```

　コンソールプログラムは起動されると，「Main」メソッドが実行されます．そして，「Main」メソッドから抜けると（＝通常は「Main」メソッドの最後まで実行し終えると），コンソールプログラムは終了します．

　Visual Studio からコンソールプログラムをデバッグ実行しても，自動的にコンソールが開かれて，そこでプログラムの実行が始まりますが，しかし，「Main」メソッドから抜けてプログラムが終了すると同時にコンソールも自動的に閉じてしまうことになります．それではコンソールに出力した文字列を確認することができません．そこで，デバッグのテクニックとしてデバッグビルドでは「Main」メソッドの最後でキー入力を待つようにします．リスト4.1のコードの「#if DEBUG」からの3行は，そのためのものです．

4.5 ビルド，デバッグ実行

　それではビルドしてみましょう．ソースコードから実行ファイルを生成することを「ビルド」するといいます．メニューバーから行うならば［ビルド］－［ソリューションのビルド］です．開発設定に［Visual C#］を選んでいるならば，F6 キー（または Ctrl ＋ Shift ＋ B キー）がビルドのショートカットです．

　ビルドに成功したら，デバッグ実行してみましょう．コマンドプロンプト（コンソール）に結果が表示されます（→図4.4）．メニューバーから行うならば［デバッグ］－［デバッグの開始］を選びます．開発設定が［Visual C#］ならば，F5 キーがデバッグ実行のショートカットです．なお，デバッグ実行を指示した際，ビルドし直す必要があったとき（たとえば，ソースコードを変更した後でビルドしていなかったとき）には，自動的にビルドされてからデバッグ

実行が始まります．

図4.4 デバッグ実行中のコンソールプログラム

デバッグが終わり，「もうこれで完成！」となったら，リリースビルドの実行ファイルを作ります．次の図 4.5 のようにドロップダウン（矢印部分）で［Debug］を［Release］に切り替えてから，ビルドしてください．

図4.5 デバッグビルドとリリースビルドを切り替える

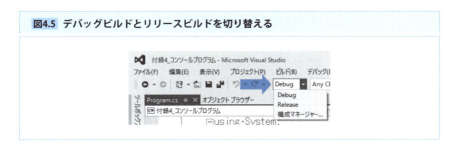

リリースビルドでは，先ほどの「#if DEBUG」の部分はビルドされません．そのほか，コードの最適化が行われるといったような違いがあります．完成したプログラムを配布するときには，このリリースビルドを使います．

4.4 完成したプログラムを配布する

完成したプログラムを他の PC で動かしたいとき，今回のようなごく単純なプログラムであれば実行ファイル（拡張子が「.exe」のファイル）をコピーするだけで済むこともあります．リリースビルドで生成した実行ファイルは，ソ

リューションエクスプローラーではプロジェクトの下の「bin¥Release」フォルダーにあります（→図4.6）．このフォルダーは初期状態では見えていないので，ソリューションエクスプローラーの上部にある［すべてのファイルを表示］ボタン（図4.6中の矢印で指し示した部分）をONにする必要があります．

図4.6 生成された実行ファイルの場所

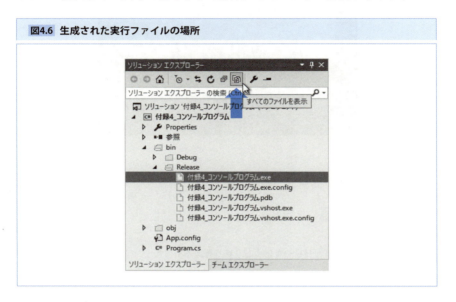

完成したプログラムが複数のファイルから構成されているような場合，たとえば，メインとなる実行ファイルのほかに，クラスライブラリの実行ファイル（拡張子が「.dll」のファイル）や設定ファイルや画像ファイルなどが必要な場合には，セットアップ用のパッケージにまとめます．そして，配布先のPCで，パッケージ内の「setup.exe」を実行してインストールを行います．そのような配布用のパッケージを作るには，ソリューションエクスプローラーでプロジェクトを右クリックし，出てきたコンテキストメニューの［公開］を選んで作業します．「発行する場所」（＝パッケージを作成するフォルダー）としてプロジェクトの下の「publish」フォルダーを指定して作業を進めると，図4.7のようにパッケージが作成されます．表示が反転している部分がパッケージです．

4.4 完成したプログラムを配布する

図4.7 生成された配布用のパッケージ（反転部分）

さらに複雑な場合，たとえばインストール時にレジストリへ情報を書き込む必要があるといったような場合には，サードパーティ製品を使って配布用パッケージを作成します[*10]。

---

*10 無償のものもあります。たとえば「Microsoft Visual Studio 2015 Installer Projects」などです。これについては，以下のURLを参照してください。
https://visualstudiogallery.msdn.microsoft.com/f1cc3f3e-c300-40a7-8797-c509fb8933b9

Chapter 5 Windowsフォームプログラムを作る

「Windowsフォーム」は，.NET Frameworkと同時に登場したGUI（*Graphical User Interface*）プログラミングのためのフレームワークです（→図5.1）．

図5.1 中央が実行中のWindowsフォームプログラム（背景はVisual Studio 2015）

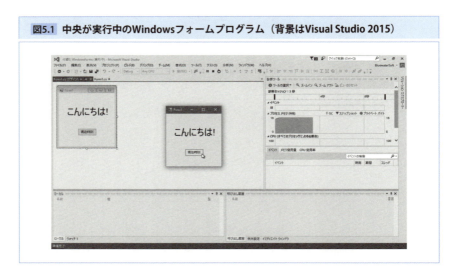

簡単なWindowsフォームプログラムを作ってみましょう．プログラムを起動すると「こんにちは！」と表示し，ボタンがクリックされたらその表示を現在時刻に変える，というものです．

コンソールプログラムと共通する話は省略しますので，前章も併せてご覧ください．

5.1 プロジェクトを作る

　Visual Studio Community 2015 の［新しいプロジェクト］ダイアログの左側で，［インストール済み］-［テンプレート］-［Visual C#］-［Windows］-［クラシックデスクトップ］を選び，ダイアログの中央部分で［Windowsフォームアプリケーション］を選びます．下の［名前］欄にはプロジェクトに付ける名前を，［ソリューション名］欄にはソリューションに付ける名前を入力します．［場所］欄には，ソリューションを保存するフォルダーを作成するフォルダーを指定します（●図5.2）．最後に［OK］ボタンをクリックすると，Windowsフォーム用のプロジェクトが作成されます．

図5.2　［新しいプロジェクト］ダイアログでWindowsフォームを指定する

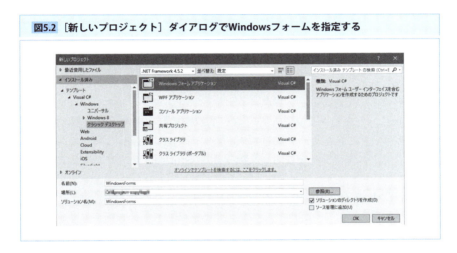

　Windowsフォームのプロジェクトが生成されると，次ページ図5.3のようになります．「Form1.cs」ファイル（=「Form1」クラス）が開かれた状態になっていますが，C#のソースコードではなく，ウィンドウのプレビューが表示されています．このプレビューが表示されている部分を，「ビューデザイナー」と呼びます（あるいは「フォームデザイナー」/「デザイン画面」などともいいます）．

　ビューデザイナーの上にある「Form1.cs［デザイン］」と表示されているタブの［×］ボタンをクリックして，一度ビューデザイナーを閉じてみてください．再びビューデザイナーを開くには，ソリューションエクスプローラーで［Form1.cs］をダブルクリックします．

図5.3 Windowsフォームプロジェクトを作成した直後のVisual Studio

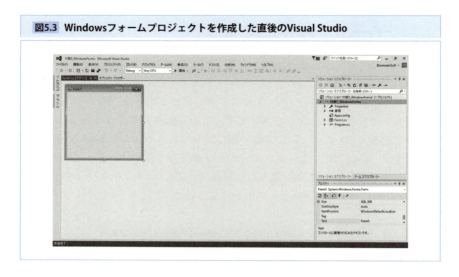

「Form1.cs」ファイル（=「Form1」クラス）には，C#のソースコードも入っています．それを表示/編集するには，ソリューションエクスプローラーで［Form1.cs］を右クリックして［コードの表示］メニューを選ぶか（→図5.4），あるいは，ソリューションエクスプローラーで［Form1.cs］の左側の三角をクリックしてツリーを展開してから下の［Form1］をクリックします．

図5.4 Windowsフォームのソースコードを表示する

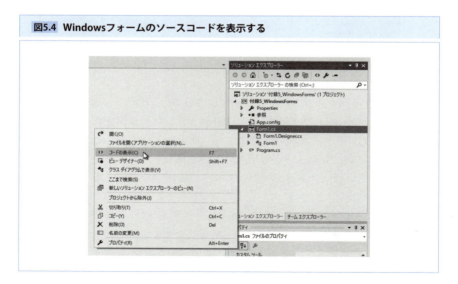

ビューデザイナーでは画面のデザインをしますが，その内容は「Form1.Designer.cs」ファイルに保存されます（名前が図 5.4 に見えています）．通常は「Form1.Designer.cs」ファイルを直接書き換える必要はありませんが，複雑な画面では必要になることもあります．

プロジェクトの構成は，「Form1.cs」ファイルがある以外はコンソールプログラムのプロジェクトとよく似ています．プログラム開始時に「Program.cs」ファイルの Main メソッドが実行されるのも同じです．ただし，Windows フォームプログラムでは，通常は Main メソッドにコードを書くことはありません．プロジェクトを作ったときに，「Form1」のウィンドウを表示するコードが Main メソッドに自動生成されているからです．したがって，Windows フォームでのプログラミングは，「Form1.cs」ファイルを起点として行うことになります．

5.7 UIを作る

実際にごく簡単な Windows フォームプログラムを書いてみましょう．まずは，ウィンドウの UI (*User Interface*) から作っていきます．

ビューデザイナーで作業をします．開いていない場合は，ソリューションエクスプローラーで「Form1.cs」ファイルをダブルクリックすると，ビューデザイナーが開きます．Visual Studio の左端に縦に並んでいるタブの中から［ツールボックス］をクリックしてツールボックスを開きます（最初は少々時間がかかります）．UI を作っているときは，開いたツールボックスの右上にある「ピン」アイコンをクリックして，ツールボックスを開いたままにしておくと便利です．

ツールボックスの［コモンコントロール］の左側にある三角をクリックして展開します．次の手順で操作して，Label コントロールをウィンドウに配置します．

1. ツールボックスで［ポインター］を選ぶ
2. ビューデザイナーでウィンドウの内側のどこかをクリックする（これで，次の操作で選ぶコントロールの配置先がウィンドウになった）
3. ツールボックスで［Label］をダブルクリックする（これで，Label コントロールがウィンドウ上に配置される）
4. ビューデザイナーで，いま配置された Label コントロールをドラッグして適当な場所に移動する

上記**3.**の操作を行った後の状態を図 5.5 に示します．

図5.5 ウィンドウ上にLabelコントロールを配置した状態

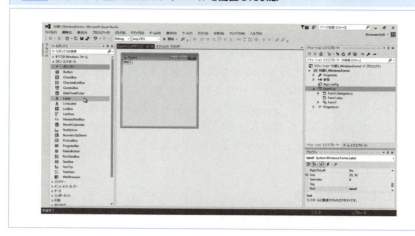

なお，上記**3.**の操作には，別の 2 通りのやり方があります．

3'. ツールボックスで［Label］をクリックし，ビューデザイナー上で配置したい場所をクリックする

あるいは，次の方法です．

3". ツールボックスの［Label］を，ビューデザイナー上で配置したい場所までドラッグ＆ドロップする

同様にして，Button コントロールもウィンドウに配置してください．
　次に，配置したコントロールの外観を整えていきます．まず，Label コントロールを図 5.6 のようにしましょう．
　Label コントロールを右クリックして［プロパティ］を選ぶと，Visual Studio の右下に［プロパティ］ペインが表示されます．その一番上に「label1」（これはプログラムからこの Label コントロールを参照するときの変数名です）と表示されているのを確かめてから，次の表 5.1 のようにプロパティを変更します．

図5.6 Labelコントロールの外観を変える

表5.1 Labelコントロールのプロパティ設定

プロパティ	変更後	操作
FontのSize	28pt	プロパティペインで［Font］をクリックし，その右端に表示される［...］ボタンをクリックする．すると，フォントを設定するダイアログが表示されるので，フォントサイズを変更して［OK］ボタンでダイアログを閉じる．
Text	こんにちは!	プロパティペインで［Text］をクリックし，右端の［V］をクリックしてドロップダウンを開き，文字列を「こんにちは!」と編集する．
TextAlign	MiddleCenter	プロパティペインで［TextAlign］をクリックし，右端の［V］をクリックしてドロップダウンを開き，2番目の並びのその中央をクリックする．

　Buttonコントロールは，Textプロパティを「現在時刻」に変えます．さらに，Buttonコントロールにはイベントハンドラー（イベントを受け取るメソッド）も設定します．Buttonコントロールのプロパティペインで電光マークのボタン（→次ページ図5.7）をクリックすると，イベントの一覧に切り替わります（再びプロパティの一覧に切り替えるには，その左のボタンをクリックします）．

　［アクション］の［Click］（図5.7で反転表示になっている部分）をダブルクリックすると，「button1_Click」という名前（名前の「button1」の部分はコントロールに付けた名前）のイベントハンドラーが生成され，ソースコードエディターに切り替わります（→次ページ図5.8）．

図5.7 プロパティペインでイベントを設定する

図5.8 ソースコードエディターに切り替わった

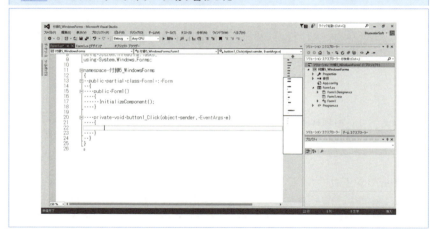

　ソースコードエディターに見える「`button1_Click`」メソッドが，イベントハンドラーのスケルトン(中身がまだ空っぽの骨組)です．プログラムの実行中にこの`Button`コントロールをクリックすると，`Click`イベントが発生します．その`Click`イベントを受信すると，イベントハンドラーである「`button1_Click`」メソッドが呼び出されます．なお，イベントを受信してイベントハンドラーを呼び出すという仕組みがどこかにあるはずですが，それは「`Form1.Designer.cs`」ファイルの中に自動生成されています．

　また，イベントハンドラーを削除するときは，プロパティペインでイベント名

の右の欄のイベントハンドラー名を消して Enter キーを押します.ソースコードエディターの側でイベントハンドラーをじかに削除してはいけません(もしそうした場合は,前述したイベントを受信してイベントハンドラーを呼び出すという仕組みが残ってしまいます[*11]).

なお,コントロールそのものを削除するときは,ビューデザイナーで削除したいコントロールをクリックして Del キーを押します.ただしイベントハンドラーは残っているので,ソースコードエディターの側でもイベントハンドラーを削除します(イベントハンドラーを呼び出す仕組みは自動的に削除されます).

5.3 プログラムを書く

Button コントロールの Click イベントハンドラーに,現在時刻を表示するコードを書いていきます.次のリスト 5.1 のコードを記述します(太字の部分をキー入力します).

リスト5.1 ごく簡単なWindowsフォームプログラム

```
private void button1_Click(object sender, EventArgs e)
{
    label1.Text = DateTimeOffset.Now.ToString("HH:mm:ss");
}
```

図5.9 起動直後のWindowsフォームプログラム

[*11] ソースコードエディターの側でイベントハンドラーをじかに削除してしまった場合は,ビルド時にエラーになります.「Form1.Designer.cs」ファイルでビルドエラーになった行を削除して対処します.

これでビルドし，デバッグ実行してみると，前ページ図5.9のようになります．プログラムが起動すると「**こんにちは！**」と表示されます．
次にボタンをクリックすると，現在時刻の表示に変わります（→図5.10）．

> **図5.10** ボタンをクリックすると現在時刻が表示される

Chapter 6 WPFプログラムを作る

「WPF」（*Windows Presentation Framework*）も Windows フォームと同様のGUIプログラミングのフレームワークですが，Windows Vista の時代に登場した比較的新しいものです（⇒ 図6.1）．XML の一種である XAML（「ザムル」と読みます）を使って UI を定義するのが特徴です．

図6.1 中央が実行中のWPFプログラム（背景はVisual Studio 2015）

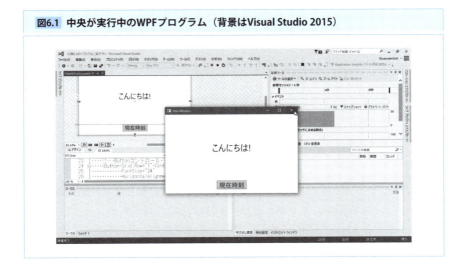

簡単な WPF プログラムを作ってみましょう．前章で Windows フォームで作ったものと同じく，プログラムを起動すると「**こんにちは！**」と表示し，ボタンがクリックされたらその表示を現在時刻に変える，というものです．

コンソールプログラムや Windows フォームプログラムと共通する話は省略

333

しますので，前章も併せてご覧ください．

6.1 プロジェクトを作る

　Visual Studio Community 2015 の［新しいプロジェクト］ダイアログの左側で，［インストール済み］－［テンプレート］－［Visual C#］－［Windows］－［クラシックデスクトップ］を選び，ダイアログの中央部分で［WPF アプリケーション］を選びます．下の［名前］欄にはプロジェクトに付ける名前を，［ソリューション名］欄にはソリューションに付ける名前を入力します．［場所］欄には，ソリューションを保存するフォルダーを作成するフォルダーを指定します（→図 6.2）．最後に［OK］ボタンをクリックすると，WPF 用のプロジェクトが作成されます．

図6.2　［新しいプロジェクト］ダイアログでWPFを指定する

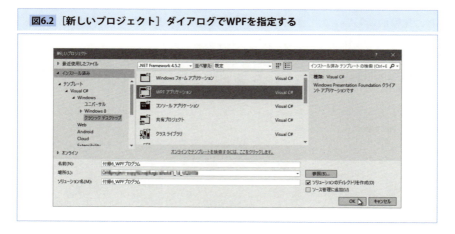

　WPF のプロジェクトが生成されると，図 6.3 のようになります．「`MainWindow.xaml`」ファイルが開かれた状態になっています．これは C# のソースコードとは独立した，XAML だけのファイルです．この画面は，Windows フォームと同様に「ビューデザイナー」と呼ばれますが，上下に 2 分割されているところが違います．2 分割された上側は「デザインペイン」（「デザイン画面」/「プレビュー画面」などともいいます），下側は XAML ペインと呼びます（「XAML エディター」などともいいます）．

図6.3 WPFプロジェクトを作成した直後のVisual Studio

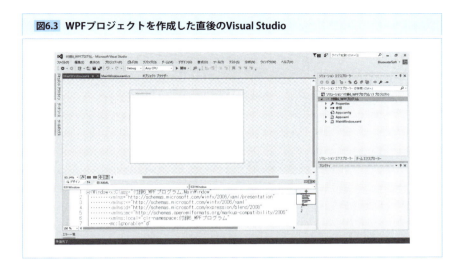

　XAMLペインに見えているHTMLのソースコードのような記述がXAMLです．WPFのUI作成では，Windowsフォームと同じようにしてデザイン画面にコントロールを貼り付けることもできます．また，XAMLペインにコントロールを挿入したり，直接XAMLコードをキー入力したりすることもできます．どちらかのペインで操作すれば，リアルタイムに他方も変化します．どちらの方法でやってもかまいませんが，慣れてしまえばXAMLを直接書くほうが早くできます．また，複雑なUIになってくると，デザイン画面での操作では，なかなか思ったとおりにコントロールを配置できないことがあります．そんなときも，XAMLペインで操作すれば思いどおりに配置できます．

　ソリューションエクスプローラーを見てみると（●次ページ図6.4），Windowsフォームとはずいぶん違っています．

　先に説明したように，「`MainWindow.xaml`」ファイルにはXAMLでUIを定義します．これが最初に表示されるウィンドウになります．そのコードビハインドとして「`MainWindow.xaml.cs`」ファイルがあります．こちらには，C#のコードを書きます．コンソールプログラムやWindowsフォームの「`Program.cs`」ファイルに相当するものが，WPFでは「`App.xaml`」ファイルと「`App.xaml.cs`」ファイルになります．ただし，既定ではビルド時にMainメソッドが自動生成されるため，「`App.xaml.cs`」ファイルにMainメソッドはありません．

図6.4 WPFプロジェクトのソリューションエクスプローラー

6.7 UIを作る

　実際に先ほど述べたWPFプログラムを書いてみましょう．まずは，ウィンドウのUIから作っていきます．ソリューションエクスプローラーで「`MainWindow.xaml`」ファイルをダブルクリックすると，ビューデザイナーが開きます．

　WPFのUI作成は，グリッドを縦/横に分割し，そこにコントロールを配置するのが基本です．ここではテキストとボタンを上下に配置したいので，まず上下に分割します．

　「`MainWindow.xaml`」ファイルには，すでに最初のグリッド（`Grid`コントロール）が配置されているので，ビューデザイナーでそれをクリックします（プレビュー画面で画面の内側をクリックしても，XAMLエディターで「`<Grid>`」というタグの内側をクリックしても，どちらでもかまいません）．そうしたら，プロパティペインの上部にある検索ボックスに「`row`」と入力して，[RowDefinitions（コレクション）]というプロパティを探し出します（検索せずに，[レイアウト]セクションを展開し，その下の[▼]をクリックして隠れているプロパティを表示しても見つかります）．次に [RowDefinitions（コレクション）] プロパティの右にある […] ボタンをクリックすると，[RowDefinition コレクションエディター] というダイアログが出てきます．そのダイアログ下部，中央付近にある[追加]ボタンを2回クリックしてから，右側の[Height]欄にある[Star]を[Auto]に変えます（→図6.5）．

図6.5 GridコントロールのRowDefinitionsプロパティを設定する

ダイアログの［OK］ボタンをクリックしてダイアログを閉じると，次の図6.6のようになります．XAMLエディター側で変化のあった部分を，四角い枠で囲ってあります．

図6.6 RowDefinitionsプロパティを設定した後のVisual Studio 2015

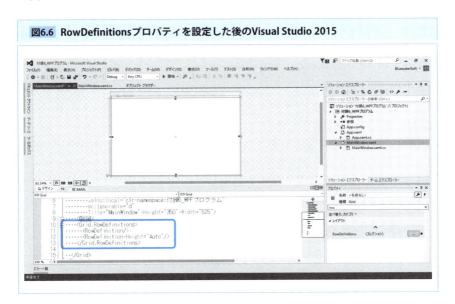

プロパティペインでの変更は，プレビュー画面にも XAML エディターにも，同時に反映されます（この例では，プレビュー画面での変化ははっきりとはわかりません）．先ほど［RowDefinition コレクションエディター］ダイアログで設定した内容は，XAML のコードとしては次のリスト 6.1 の太字の部分として追加されました．

リスト6.1 RowDefinitionsプロパティを設定した後のXAMLコード

```
<Window x:Class="付録6_WPFプログラム.MainWindow"
        ……（省略）……
        Title="MainWindow" Height="350" Width="525">
    <Grid>
      <Grid.RowDefinitions>
        <RowDefinition/>
        <RowDefinition Height="Auto"/>
      </Grid.RowDefinitions>

    </Grid>
</Window>
```

［RowDefinition コレクションエディター］ダイアログで設定する代わりに，XAML エディターで上のコードをキー入力しても，同じ結果が得られます．XAML エディターでキー入力をするのはたいへんそうに思えますが，キー入力に伴って IntelliSense（インテリセンス）機能が次々と入力候補を提示してくれるので，とても効率良く入力できます．XAML に慣れてきて，入力するべきことがだいたいわかってきたら，キー入力のほうが早くなります．もちろんツールボックスとプロパティペインを使う方法でもかまいませんが，以降では XAML コードのみを示します．

画面には，テキストを表示する TextBlock コントロールと，現在時刻を表示させるための Button コントロールを配置します．それぞれに，レイアウトや外観を整えるためのプロパティ設定も追加すると，次のリスト 6.2 のように書けます（太字の部分）．

リスト6.2 TextBlockコントロールとButtonコントロールを配置した

```
<Window x:Class="付録6_WPFプログラム.MainWindow"
```

```xml
……（省略）……
        Title="MainWindow" Height="350" Width="525">
<Grid>
  <!-- Gridを上下に2分割 -->
  <Grid.RowDefinitions>
    <RowDefinition/>
    <RowDefinition Height="Auto"/>
  </Grid.RowDefinitions>

  <!-- 文字列を表示するTextBlockコントロール -->
  <TextBlock x:Name="textBlock1" Text="こんにちは!"
             FontSize="36"
             HorizontalAlignment="Center" VerticalAlignment="Center"
             />

  <!-- Buttonコントロール -->
  <Button Grid.Row="1" Content="現在時刻"
          FontSize="24"
          HorizontalAlignment="Center"
          Margin="0,0,0,16" Padding="8,0,8,0"
          />

</Grid>
</Window>
```

　このXAMLコードの中で，TextBlockコントロールにある「x:Name」というのはそのコントロールに付けた変数名です．XAMLでは変数名は必要がないなら付けなくてもよいので，Buttonコントロールのほうには付けてありません（TextBlockコントロールのほうは，後ほどコードビハインドから文字列を設定するので変数名が必要になります）．

　Buttonコントロールの「Grid.Row="1"」というプロパティの設定は，先ほど上下に2分割したグリッドの下側（＝上から2番目）に配置するという意味です（数字は上から順に0，1，2，……となります）．

プログラムを書く

　次に，ButtonコントロールのClickイベントハンドラーに，現在時刻を表示するコードを書いていきます．

イベントハンドラーの記述は，Windowsフォームと同じような手順でもできます．しかしここでは，Clickイベントハンドラーの定義からコードの記述までのすべてを，XAMLエディター上でやってみましょう．

XAMLエディターで，Buttonコントロールの記述の中にClickイベントハンドラーの定義を書いていきます．すると，「cl」までキー入力したところで，IntelliSenseのポップアップが[Click]を選択した状態になります（→図6.7）．

図6.7 「cl」とキー入力したところ

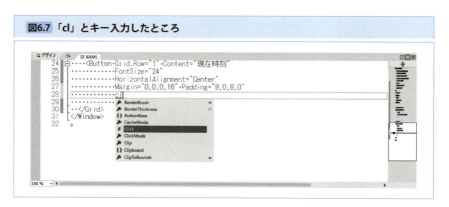

ここで Tab キーを押すと，「Click=""」と補完されます．同時にIntelliSenseが「<新しいイベントハンドラー>」というポップアップを出してきます（→図6.8）．ポップアップの右の説明には，新しく作成するイベントハンドラーの名前として「Button_Click」が提案されています．なお，すでにいくつかのイベントハンドラーを記述済みの場合は，ポップアップにそれらの名前も表示され，選択できます．

図6.8 「Click=""」と補完されイベントハンドラーの候補が表示された

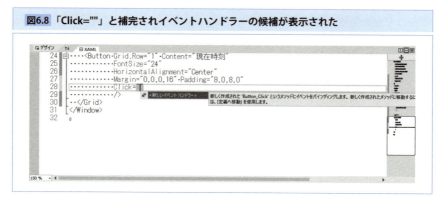

再び Tab キーを押すと,「Click="Button_Click"」と補完されます（→ 図 6.9）.
このとき,キー入力カーソルは「"Button_Click"」のすぐ後ろにあります.

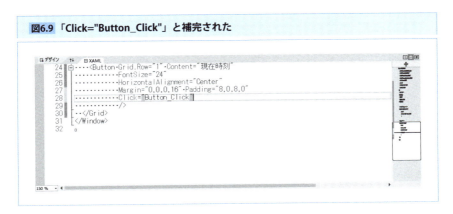

図6.9 「Click="Button_Click"」と補完された

この状態で（あるいは,キー入力カーソルを「"Button_Click"」の中に置いて）, Alt + F12 キーを押します.すると,次の図 6.10 のように,コードビハインドのイベントハンドラーがオーバーレイ表示されます（これは,「定義をここに表示」という Visual Studio 2015 の新機能です）.なお,ここで Alt キーを押さずに F12 キーだけを押すと,コードビハインドのコードエディターに切り替わります.

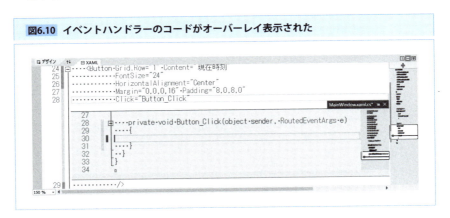

図6.10 イベントハンドラーのコードがオーバーレイ表示された

そのままイベントハンドラーのコードを書いていきます（→ 次ページ図 6.11）.

図6.11 イベントハンドラーのコードを入力した

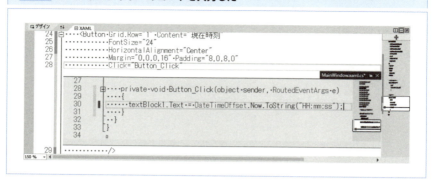

これで完成です．できあがったコードは次のリスト 6.3，リスト 6.4 のようになります．太字は，いまの作業で追加された部分です．

リスト6.3 完成した「MainWindow.xaml」

```
<Window x:Class="付録6_WPFプログラム.MainWindow"
        ……（省略）……
        Title="MainWindow" Height="350" Width="525">
  <Grid>
    <!-- Gridを上下に2分割 -->
    <Grid.RowDefinitions>
      <RowDefinition/>
      <RowDefinition Height="Auto"/>
    </Grid.RowDefinitions>

    <!-- 文字列を表示するTextBlockコントロール -->
    <TextBlock x:Name="textBlock1" Text="こんにちは!"
               FontSize="36"
               HorizontalAlignment="Center" VerticalAlignment="Center"
               />

    <!-- Buttonコントロール -->
    <Button Grid.Row="1" Content="現在時刻"
            FontSize="24"
            HorizontalAlignment="Center"
            Margin="0,0,0,16" Padding="8,0,8,0"
            Click="Button_Click"
```

```
            />

  </Grid>
</Window>
```

リスト6.4 完成した「MainWindow.xaml.cs」

```csharp
using System;
……（省略）……

namespace 付録6_WPFプログラム
{
  /// <summary>
  /// MainWindow.xaml の相互作用ロジック
  /// </summary>
  public partial class MainWindow : Window
  {
    public MainWindow()
    {
      InitializeComponent();
    }

    private void Button_Click(object sender, RoutedEventArgs e)
    {
      textBlock1.Text = DateTimeOffset.Now.ToString("HH:mm:ss");
    }
  }
}
```

図6.12 起動直後のWPFプログラム

これでビルドし，デバッグ実行してみると，前ページ図6.12のようになります．プログラムが起動すると「**こんにちは!**」と表示されます．
そして，ボタンをクリックすると，現在時刻の表示に変わります（→図6.13）．

図6.13 ボタンをクリックすると現在時刻が表示される

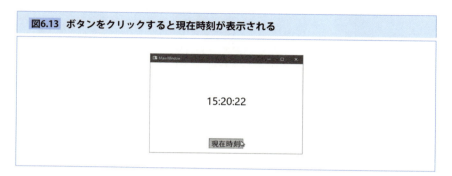

おわりに

　お待たせしました．

　予告をしたわけでもないのに読者の皆様にこう語りかけるのは，おかしいかもしれません．でも，LINQがどうもよくわからないと悩んでいた読者にとって，あるいは最近までVisual Studio 2002〜2005でプログラミングしていて，いきなり新しいVisual Studio 2012〜2015へとジャンプアップした読者にとって，待望の本になったと思います．

　この本の第一の主題は，LINQの不思議さと面白さと有益さを伝えることにあります．それだけではなく，第2部で.NET FrameworkとC#の進化を説明するとともに，サンプルコードはできるだけ新しい書き方にすることで，新しいコーディングの作法というか「楽ちん」さもお伝えしたかったところです．そして，第3部としていくつかのLINQライブラリをそれぞれ簡単に紹介しましたが，そこでLINQの世界の広がりを感じ取っていただけたらと思います．

　第3部の最後で紹介したように，LINQは他のプラットフォーム／他の言語にも利用が広まっています．また，言語によって異なる呼び方をしていても，「ループを分解してメソッドチェーンの簡潔でわかりやすい記述にし，実行時にはループを再構築する」というLINQの考え方は，あちこちに取り入れられています．LINQは，いまどきの開発者にとって必須のスキルだといえるでしょう．

　最後に，あいかわらず遅筆の私を辛抱強く見守り助けていただいた技術評論社跡部編集局局長と編集担当の高橋氏に感謝いたします．

　そして，読者の皆様のプログラミングが楽しいものとなりますように！

筆者記す

Microsoft Public License (Ms-PL)
(http://iqtoolkit.codeplex.com/license)

This license governs use of the accompanying software. If you use the software, you accept this license. If you do not accept the license, do not use the software.

1. Definitions

The terms "reproduce," "reproduction," "derivative works," and "distribution" have the same meaning here as under U.S. copyright law.

A "contribution" is the original software, or any additions or changes to the software.

A "contributor" is any person that distributes its contribution under this license.

"Licensed patents" are a contributor's patent claims that read directly on its contribution.

2. Grant of Rights

(A) Copyright Grant- Subject to the terms of this license, including the license conditions and limitations in section 3, each contributor grants you a non-exclusive, worldwide, royalty-free copyright license to reproduce its contribution, prepare derivative works of its contribution, and distribute its contribution or any derivative works that you create.

(B) Patent Grant- Subject to the terms of this license, including the license conditions and limitations in section 3, each contributor grants you a non-exclusive, worldwide, royalty-free license under its licensed patents to make, have made, use, sell, offer for sale, import, and/or otherwise dispose of its contribution in the software or derivative works of the contribution in the software.

3. Conditions and Limitations

(A) No Trademark License- This license does not grant you rights to use any contributors' name, logo, or trademarks.

(B) If you bring a patent claim against any contributor over patents that you claim are infringed by the software, your patent license from such contributor to the software ends automatically.

(C) If you distribute any portion of the software, you must retain all copyright, patent, trademark, and attribution notices that are present in the software.

(D) If you distribute any portion of the software in source code form, you may do so only under this license by including a complete copy of this license with your distribution. If you distribute any portion of the software in compiled or object code form, you may only do so under a license that complies with this license.

(E) The software is licensed "as-is." You bear the risk of using it. The contributors give no express warranties, guarantees or conditions. You may have additional consumer rights under your local laws which this license cannot change. To the extent permitted under your local laws, the contributors exclude the implied warranties of merchantability, fitness for a particular purpose and non-infringement.

Microsoft Limited Public License
(https://msdn.microsoft.com/ja-jp/cc300389)

本ライセンスは、上記の「本 Web サイトで入手可能なソフトウェアに関する注意」の規定に従い、ライセンス契約なしで本 Web サイトで入手可能な「サンプル」または「例」と表示されているコードの使用について規定するものです。お客様は、かかるコード (以下「ソフトウェア」といいます) を使用した場合、本ライセンスに同意したことになります。 本ライセンスに同意されない場合、そのソフトウェアを使用することはできません。

1. 定義

「複製する」、「複製」、「二次的著作物」、「頒布」という用語はそれぞれ、アメリカ合衆国著作権法における場合と同様の意味を有します。

「投稿物」とは、オリジナルのソフトウェア、またはソフトウェアへの追加もしくは変更を意味します。

「投稿者」とは、本ライセンスに基づいて投稿を行う人を意味します。

「使用許諾された特許」とは、投稿物が直接抵触する投稿者の特許クレームを意味します。

2. 権利の許可

(A) 著作権の許諾 - 第 3 条の使用許諾条件および制限を含む本ライセンスの規定に従い、各投稿者はお客様に対して、それぞれの投稿物を複製し、投稿物の二次的著作物を作成し、投稿物またはお客様が作成した二次的著作物を頒布するための非独占的かつ地域無制限の著作権を無償で許諾します。

(B) 特許許諾 - 第 3 条の使用許諾条件および制限を含む本契約書の規定に従い、各投稿者はお客様に対して、本ソフトウェア内の投稿物もしくは本ソフトウェア内の投稿物の二次的著作物につき、使用許諾された特許に基づいて作成、第三者による作成、使用、販売、輸入その他の手段による処分を実施するための非独占的かつ地域無制限の著作権を無償で許諾します。

3. 条件と制限

(A) 商標使用許諾の排除 - 本ライセンスはお客様に対し、投稿者の名称、ロゴまたは商標を使用する権利を付与するものではありません。

(B) 本ソフトウェアによって特許が侵害されたとして、お客様が投稿者に対して特許権に基づく請求を申し立てる場合、かかる投稿者からお客様に付与されていた特許ライセンスは自動的に終了するものとします。

(C) 本ソフトウェアの一部を頒布する場合、お客様は、本ソフトウェアにある著作権、特許権、商標、帰属権に関するすべての通知をそのまま表示するものとします。

(D) 本ソフトウェアの一部をソース コード形式で頒布する場合、お客様は、本ライセンスの完全な写しをお客様の頒布物に組み入れることにより、本ライセンスに基づいてのみ頒布を行うことができます。 本ソフトウェアの一部をコンパイル済みコード形式またはオブジェクト コード形式で頒布する場合、お客様は、本ライセンスに準拠したライセンスに基づいてのみ頒布を行うことができます。

(E) 本ソフトウェアは「現状有姿のまま」で使用許諾されます。本サービスの使用から生じる危険は、お客様が負担するものとします。 投稿者は、他の明示的な保証、担保、または条件については一切の責任を負いません。 お客様の地域の法令によっては、本ライセンスによって変更することのできない、その他の消費者としての権利が存在する場合があります。 お客様の地域の法律によって認められる範囲において、投稿者は、商品性、特定目的適合性および第三者の権利の非侵害性に関する黙示の保証をいたしません。

(F) プラットフォームの限定 - 第 2 条 (A) 項および第 2 条 (B) 項で付与されるライセンスは、お客様が作成し、Microsoft Windows オペレーティング システム製品上で動作するソフトウェアまたは二次的著作物のみに適用されます。

Index

記号

#if DEBUG 〜 #endif	320
$	256
<T>	211, 213
=> 演算子	201
?. 演算子	90, 259
?? 演算子	221
?[演算子	259

A

Aggregate 拡張メソッド	264
All 拡張メソッド	61, 264
AND 検索	58
Any 拡張メソッド	63, 265
AsEnumerable 拡張メソッド	137, 175
AsOrdered 拡張メソッド	242, 279
ASP.NET	202, 308
AsParallel 拡張メソッド	240, 279
AsSequential<T> 拡張メソッド	279
AsUnordered<T> 拡張メソッド	279
async キーワード	247
Average 拡張メソッド	27, 265
await キーワード	247

C

Cast 拡張メソッド	239, 265
Concat 拡張メソッド	265
Contains 拡張メソッド	265
Count 拡張メソッド	51, 265
CSV ファイル	287
Current プロパティ	116, 132, 216

D

DefaultIfEmpty 拡張メソッド	265
Descendants 拡張メソッド	89, 91
Dispose メソッド	132
Distinct 拡張メソッド	265

E

ElementAt 拡張メソッド	265
ElementAtOrDefault 拡張メソッド	265
Empty 拡張メソッド	265
Entity Framework	273
Except 拡張メソッド	265

F

First 拡張メソッド	265
FirstOrDefault 拡張メソッド	265
for ループ	55
ForAll<T> 拡張メソッド	279
ForEach 拡張メソッド	14, 90
foreach 構文	204
foreach ループ	16, 30, 117

G

GetEnumerator メソッド	132
GroupBy 拡張メソッド	265
GroupJoin 拡張メソッド	265

H

Html Agility Pack	290

I

IEnumerable インターフェイス	209
IEnumerable<T> インターフェイス	22, 116, 132, 144, 150
IEnumerator インターフェイス	205, 209, 216
IEnumerator<T> インターフェイス	118, 132, 144, 156
IList<T> インターフェイス	133
in キーワード	238
Intersect 拡張メソッド	266

IQueryable<T> インターフェイス 134, 164
IQueryProvider 164

J

Join 拡張メソッド 266
JSON フォーマット 294

L

Last 拡張メソッド 266
LastOrDefault 拡張メソッド 266
LINQ 拡張メソッド 27, 116, 141, 264
LINQ データソース 150
LINQ プロバイダー 134, 164, 271, 273
LINQ to CSV 287
LINQ to DataSet 268
LINQ to Entities 273
LINQ to JSON 294
LINQ to Objects 264
LINQ to SQL 136, 271
LINQ-to-Wiki 298
LINQ to XML 276
linq.js 301
LongCount 拡張メソッド 266

M

Max 拡張メソッド 28, 266
Min 拡張メソッド 28, 266
MoveNext メソッド 116, 132, 216

N

nameof 演算子 257
null 許容型 221
Null 条件演算子 90, 259
Nullable<T> 構造体 221

O

OfType 拡張メソッド 266
OR 検索 62
OrderBy 拡張メソッド 266
OrderByDescending 拡張メソッド 266
out キーワード 238

P

ParallelEnumerable クラス 279
Parallel LINQ 240, 279
partial キーワード 220
PLINQ 240, 279

Q

Queryable クラス 136

R

Range 拡張メソッド 22, 266
Reactive Extensions 281
ReadKey メソッド 320
ReadLines メソッド 100, 135, 150
Repeat 拡張メソッド 266
Reset メソッド 132
Reverse 拡張メソッド 65, 266
Rx 281

S

Select 拡張メソッド 31, 50, 206, 266
SelectMany 拡張メソッド 266
SequenceEqual 拡張メソッド 266
Single 拡張メソッド 266
SingleOrDefault 拡張メソッド 266
Skip 拡張メソッド 266
SkipWhile 拡張メソッド 266
Subscribe メソッド 282
Sum 拡張メソッド 27, 267

T

Take 拡張メソッド 176, 267
TakeWhile 拡張メソッド 267
Task Parallel Library 247
ThenBy 拡張メソッド 267
ThenByDescending 拡張メソッド 267
this 修飾子 194, 196
ToArray 拡張メソッド 66, 267
ToDictionary 拡張メソッド 267
ToList 拡張メソッド 121, 267
ToList メソッドの罠 121

349

ToLookup 拡張メソッド 267
TPL 247

U

Union 拡張メソッド 63, 267
using static ディレクティブ 260
UWP アプリ 202, 220, 301, 308

V

var キーワード 223
Visual Studio 2015 306

W

Web サービス 294
Where 拡張メソッド 29, 31, 54, 267
Wikipedia 298
Windows フォーム 324
WithCancellation<T> 拡張メソッド 279
WithDegreeOfParallelism<T> 拡張メソッド
.... 280
WithExecutionMode<T> 拡張メソッド 280
WithMergeOptions<T> 拡張メソッド 280
WPF 333

X

XAML 21, 202, 333
XLinq 276
XML 276

Y

yield break 文 144, 216
yield return 文 144, 151, 155, 214

Z

Zip 拡張メソッド 267

あ

暗黙的に型指定される配列 229
暗黙の型指定 223

い

イテレーターブロック 214

お

オブジェクト初期化子 226
オブジェクトモデル 272
オプション引数 234

か

拡張メソッド 27, 66, 70, 194, 223, 224
型推論 223

き

キャスト 237
共変性 237

く

クエリ式 138

こ

コレクション 209
コレクション初期化子 13, 228
コンソールプログラム 316

し

ジェネリクス 210
ジェネリック 210, 237
ジェネリッククラス 213
ジェネリックコレクション 12
ジェネリックメソッド 211
式ツリー 165
実体を保持しない 108, 116
自動実装プロパティ 230
自動実装プロパティの初期化子 252
省略可能な引数 234

せ

正規表現 56, 64
静的クラス 218
静的コンストラクター 219
宣言クエリ構文 138

た
タスク並列ライブラリ 247

ち
遅延実行 106, 118, 150, 151

て
デリゲート 206

と
匿名型 224
匿名型の配列 230
匿名デリゲート 217
匿名メソッド 217

な
名前付き引数 235

は
パーシャル型 220, 231
パーシャルメソッド 231
配列宣言の型省略 229
反復子ブロック 214
反変性 237

ひ
ビジュアルツリー 88
非同期処理 247

ふ
不変性 238

へ
並列実行 240
並列処理 251
ベジエ曲線 12, 21

ほ
補間文字列 256

ま
マルチスレッド 240

め
メソッド構文 138
メソッドチェーン 32

よ
呼び出し元情報属性 244
読み取り専用プロパティの自動実装 253

ら
ラムダ演算子 201
ラムダ式 14, 30, 55, 199, 225, 226
ラムダ式によるメンバー定義 254

る
ループ 204
ループの合体 115
ループの分解 / 再構築 106, 115

351

■著者略歴

山本 康彦（やまもと やすひこ）

1957年，名古屋に生まれる．名古屋大学工学部卒（修士）．本田技術研究所で自動車の設計／研究にしばらく携わった後，ソフトウェア開発業界に転身．主にWindows系の業務システムを手がけてきた．.NET FrameworkとC#とは，まだβ版だった2001年からの付き合い．LINQとは，Visual Studio 2005用として2006年春にリリースされたCTP版からの付き合いになる．
2012年に独立し，現在はWindowsストアアプリ／UWPアプリをメインに開発している．
2014年10月より，マイクロソフトMVP（Windows Developmentカテゴリー）．

BluewaterSoft http://www.bluewatersoft.jp/
Twitter @biac

カバーデザイン ❖ 花本浩一（麒麟三隻館）
　　　　　編集 ❖ 高橋　陽
　　　　　担当 ❖ 跡部和之

C#プログラマーのための
基礎からわかるLINQマジック！

2016年6月5日　初版　第1刷発行

著　者　山本康彦
発行者　片岡　巌
発行所　株式会社技術評論社
　　　　東京都新宿区市谷左内町 21-13
　　　　電話　03-3513-6150　販売促進部
　　　　　　　03-3513-6166　書籍編集部
印刷／製本　港北出版印刷株式会社

定価はカバーに表示してあります

本書の一部または全部を著作権法の定める範囲を越え，無断で複写，複製，転載，あるいはファイルに落とすことを禁じます．

© 2016　BluewaterSoft

造本には細心の注意を払っておりますが，万一，乱丁（ページの乱れ）や落丁（ページの抜け）がございましたら，小社販売促進部までお送りください．送料小社負担にてお取り替えいたします．

ISBN978-4-7741-8094-6　C3055

Printed in Japan